# Wahrscheinlichkeiten in der Galaxie
## für Leben, Intelligenz und Zivilisation

## Ein Verteilungsmodell

### Klaus Piontzik

**Wahrscheinlichkeiten in der Galaxie
für Leben, Intelligenz und Zivilisation**
Ein Verteilungsmodell

1. überarbeitete Auflage


Herstellung und Verlag:
Books on Demand, Norderstedt

ISBN 978-3-7494-9653-2

# Klaus Piontzik

Klaus Piontzik (*1954) ist Ingenieur der Elektrotechnik, Mathematiker und Autor. Er kann auf eine etwa 30 jährige Laufbahn als Projektingenieur im industriellen Bereich und als Entwickler von Mikroprozessor-Systemen zurückblicken.

Seit 1994 hat er sich immer stärker auf elektromagnetische Felder spezialisiert, besonders im Hinblick auf das Erdmagnetfeld und seine Bedeutung für die Erde und das Leben auf ihr.

Seit 2006 kamen die Tätigkeiten als Autor (Gitterstrukturen des Erdmagnetfeldes, Konvertierung DNA in Farben und Töne, Planetare Systeme der Erde 1, Alien-Hypothese, Odysseus 2013) und auch als Webautor hinzu.

Ein Teil der Bücher sind auch im Internet zugänglich:

www.klaus-piontzik.de
www.pimath.de
www.pimath.eu (Gitterstrukturen des Erdmagnetfeldes)
www.planetare-systeme.com
www.wahrscheinlichkeiten-in-der-galaxie.com
www.die-alien-hypothese.de
www.odysseus2013.de

# Wahrscheinlichkeiten in der Galaxie für Leben, Intelligenz und Zivilisation

## INHALTSVERZEICHNIS

## Teil 2 – Ergänzende Modelle

$$N_{ze} = A \cdot F_{sph} \cdot F_{gae} \cdot F_{Liz} \geq 1$$

$$N_{zexGal} = A \cdot \Sigma(F_X \cdot F_{ph} \cdot F_{gae} \cdot F_{Liz})$$

# Teil 1

# Das Grundmodell

# Einleitung

Das in den folgenden Kapiteln des Buches verwendete Verfahren wird in der Mathematik als **axiomatische** Vorgehensweise bezeichnet. Sie zwingt dazu, alle Voraussetzungen klar formulieren zu müssen. Dadurch ist es ausgeschlossen, dass sich versteckte Prämissen einschleichen.

Aus der Analyse bestehenden empirischen Datenmaterials des Kepler-Teleskopes und Planetenkatalogen werden Hypothesen gezogen, die als **Ansätze** und **Axiome** bezeichnet werden. Die daraus abgeleiteten Aussagen werden als **Sätze** formuliert. Alle Axiome und Sätze führen zu einer Gesamtdarstellung der Situation, die dann als **Arbeitshypothese** benutzt werden kann.

Es sei hier darauf hingewiesen, dass es sich bei der folgenden Abhandlung **nicht** um eine exakte Berechnungsmethode zur Bestimmung der Anzahl extraterrestrischer Zivilisationen handelt, sondern um eine **Größenabschätzung mittels statistischer Methoden**, auf Grundlage von möglichst gesicherten bzw. **empirischen** Daten.

Außerdem geht es in dieser Abhandlung zu zeigen, wie man ein systematisches Modell für Leben, Intelligenz und Zivilisation in der Galaxie entwickeln kann.

Die in diesem Buch vorgestellte Theorie, d.h. alle in den Kapiteln genannten Voraussetzungen, Ansätze, Axiome und Sätze sind, im Sinne der heutigen Erkenntnistheorie, falsifizierbar. Können also, in Zukunft, bestätigt, modifiziert oder widerlegt werden.

Somit erfüllt das hier formulierte Modell (speziell Gleichungssystem 6.3.3, Gleichung 8.4.2 und die Gleichung 12.2.2) die Eigenschaft der Falsifizierbarkeit, im Sinne Poppers und stellt somit eine naturwissenschaftliche Hypothese dar, hinsichtlich der Existenz von außerirdischen Zivilisationen in einer Galaxie.

Darüber hinaus ist das Modell ein fundamentaler Beitrag zur Exobiologie, speziell die Existenz von (intelligentem) Leben in der Galaxie betreffend.

Der Vollständigkeit und der Nachvollziehbarkeit halber ist das gesamte Modell veröffentlicht worden. So ist es jedem möglich, alle Zahlen selbst nachzurechnen.

Diese Aneinanderreihung von Mathematik mag für einen normalen Leser etwas ermüdend sein, erschien jedoch notwendig, um hinreichende Transparenz zu erhalten und die Herleitungen nachvollziehbar zu gestalten.

# 1 – Planeten in der Galaxie

## 1.1 - Nachweis von Planeten

Will man klären wie viele Zivilisationen es in unserer Galaxie gibt, so würde man sich zuerst nach erdähnlichen Planeten in sonnenähnlichen Sternsystemen umschauen - aus einer ersten menschlichen Sicht heraus. Wie sich später noch zeigen wird, könnte durchaus auf etwas andersgearteten Planeten bzw. Sternsystemen auch Leben, Intelligenz und Zivilisation entstanden sein. Was zu einer Erweiterung des Modells führen wird.
Die erste Entdeckung eines Exoplaneten [1], in einem sonnenähnlichen Sternsystem, wurde 1995 mit Hilfe der Radialgeschwindigkeitsmethode gemacht. Inzwischen werden international Untersuchungen betrieben, die sich mit dem Nachweis von Exoplaneten, in anderen Sternsystemen, innerhalb dieser Galaxie beschäftigen. Dabei werden verschiedene Methoden angewendet. [2] [3] [4]

### 1.1.1 - Transitmethode
Wenn die Umlaufbahn eines Planeten so liegt, dass er aus Sicht der Erde genau vor dem Stern vorbeizieht, erzeugen diese Bedeckungen periodische Absenkungen in dessen Helligkeit. Sie lassen sich durch Helligkeitsmessungen des Sterns nachweisen, während der Exoplanet vor seinem Zentralstern vorbeizieht. Diese Messungen werden mittels terrestrischer Teleskope, wie dem *SuperWASP* oder wesentlich genauer durch Satelliten wie *COROT*, *Kepler* oder *ASTERIA* durchgeführt. [1] [2] [3] [4]
Die Transitmethode liefert das größte Spektrum an ermittelbaren Daten. Sofern die benötigten Parameter bekannt sind, lassen sich wichtige Informationen wie beispielsweise der Planetenradius, der Radius der Umlaufbahn, Umlaufzeit und auch Oberflächentemperatur bestimmen.
Die Transitmethode hat den Nachteil das nicht alle Planeten erkannt werden. Die Planeten deren Umlaufbahn senkrecht zur Blickrichtung liegt werden durch die Transitmethode nicht erfasst. Bisher wurden mit dieser Methode **3135** Planeten entdeckt. [5]

### 1.1.2 - Radialgeschwindigkeitsmethode
Stern und Planeten bewegen sich unter dem Einfluss der Gravitation um einen gemeinsamen Schwerpunkt. Der Stern bewegt sich, wegen seiner größeren Masse auf kürzeren Wegen als der Planet. Wenn man von der Erde aus nicht genau senkrecht auf diese Bahn schaut, hat diese periodische Bewegung des Sterns eine Komponente in Sichtrichtung, die durch Beobachtung der abwechselnden Blau- und Rotverschiebung des Sterns nachgewiesen werden kann.

Der einzige Wert, der sich mit der Radialgeschwindigkeitsmethode ermitteln lässt, ist die minimale Masse, die der Exoplanet aufweisen muss, um das Licht auf diese Weise zu verschieben. [1] [2] [3]
Die Methode weist jedoch eine Schwächen auf, wenn die Anzahl an Planeten im jeweiligen Sternensystem relativ hoch ist, dann nimmt die Radialgeschwindigkeit eine nicht regelmäßige Form an, da mehrere Massen die Bewegung des Sterns beeinflussen. Letztendlich ist dann nur noch die Summe der einwirkenden Kräfte im Lichtspektrum zu messen.
Der erste Planet wurde mit dieser Methode nachgewiesen. Das war 51 Pegasi b (auch bekannt als „Dimidium" bzw. „Bellerophon"). Der Planet umkreist den Stern 51 Pegasi (auch „Helvetios") im Sternbild Pegasus. [6]
Dieser wurde 1995 an der Universität Genf von Schweizer Professoren nachgewiesen. Er war der erste entdeckte Planet außerhalb des Sonnensystems und somit auch der erste Planet, der als Hot Jupiter eingestuft wurde.
Bisher wurden mit dieser Methode **782** Planeten entdeckt.

### 1.1.3 - Astrometrische Methode

Die Bewegung des Sterns um den gemeinsamen Schwerpunkt hat auch Komponenten quer zur Sichtrichtung. Diese sind durch genaue Vermessung seiner Sternörter relativ zu anderen Sternen nachweisbar. Bei bekannter Sternmasse und Entfernung kann man hier auch die Masse des Planeten angeben, da die Bahnneigung ermittelt werden kann. [1] [2] [4]
Die Radialbewegung des Sterns wird nicht frontal, sondern von oben beobachtet. Folglich sieht man die Bewegung des Sterns um den Bahnschwerpunkt. Aus der variierenden Distanz zu umliegenden Sternen lässt sich die ungefähre Größe, Distanz und Position von möglichen Begleitern des Sterns ableiten.
Bis heute ist es Forschern lediglich **einmal** gelungen, mit dieser Methode einen Kandidaten für Exoplaneten zu finden. Dieser konnte bisher aber nicht eindeutig bestätigt werden. [7]

### 1.1.4 - Lichtlaufzeit-Methode

Diese Methode beruht auf einem streng periodischen Signal von einem Zentralstern oder einem zentralen Doppelstern. Durch den Einfluss der Gravitation verschiebt sich bei einem umlaufenden Planeten der Schwerpunkt des Sternsystems, wodurch es zu einer zeitlichen Verschiebung bei den periodischen Signalen kommt.
Die Lichtlaufzeit-Methode ist entfernungsunabhängig. Sie ist aber stark beeinflusst von der Genauigkeit des periodischen Signals. Daher konnte man bisher mit dieser Methode nur Exoplaneten um Pulsare nachweisen. [1]

### 1.1.5 - Gravitational-microlensing-Methode

Diese Methode basiert auf dem Phänomen der Gravitationslinsen.

Es wird eine Veränderung in der Lichtkurve eines Sterns gemessen. Die Lichtkurve steigt an, wenn ein Sternsystem zwischen Beobachter und Stern durchfliegt. Die Gravitationskraft der Massen im bewegenden Sternsystem fungiert als eine Art Linse.
Die Lichtstrahlen werden umgelenkt und treffen sich wieder. Im Gegensatz zu den Linsen, die wir in der Optik verwenden, sind diese nicht „scharf" gestellt. Dies hat zur Folge, dass die Erscheinung des beobachteten Sterns sich verändern kann. Deshalb kann es sowohl zu einer optischen Deformation als auch zu einer vermeintlichen Mehrfachabbildung führen. [1] [2] [3] [4] [8] [9]
Im Doppelsternsystem OGLE-2013-BLG-0341L wurde 2014 der Exoplanet OGLE-2013-BLG-0341L B b mit dieser Methode entdeckt. Er hat etwa 1,66 Erdmassen und kreist in deiner Entfernung von 0,7 AE um den zweiten Stern des Systems. [10] [11]

**1.1.6 - Berechnung nach gestörter Planetenbahn**
Eine andere indirekte Methode beruht auf der Beobachtung bereits bekannter Exoplaneten. Mehrere Planeten im selben System ziehen einander über die Gravitation an, was die Planetenbahnen leicht verändert.
Im Januar 2008 reichte ein spanisch-französisches Forscherteam eine Arbeit ein, mit der die Existenz eines Planeten GJ 436c anhand von Störungen in der Bahn des benachbarten Planeten GJ 436b nahegelegt wird. Die Berechnungen lassen für diesen Exoplaneten eine Masse von ungefähr fünf Erdmassen vermuten. Ein Nachweis für diese Hypothese fehlt bislang. [1]

**1.1.7 - Direkte Beobachtung**
Das direkte Fotografieren eines Planeten erfolgt mit äußerst großen Teleskopen (VLT). Seit 2004 gibt es direkte Beobachtungen von Exoplaneten und zwar durch das Hubble-Weltraumteleskop und dem *Very Large Telescope* der ESO (Europäische Organisation für astronomische Forschung in der südlichen Hemisphäre).
Dabei werden in regelmäßigen Abständen Nahaufnahmen von einem Sternsystem gemacht. Potenzielle Planeten sind auf den Aufnahmen als helle Punkte zu sehen, bewegt sich dieser Punkt auf den Aufnahmen auf einer kreisähnlichen Bahn, dann ist dies ein Planet. Diese Methode ist jedoch nur bei relativ nahen Sternsystemen möglich, da sonst die Lichtreflektion des Planeten im Licht des Sterns verschwindet. [1] [2] [3] [4] [12] Bisher wurden mit dieser Methode **47** Planeten entdeckt.

# 1.2 - Daten des Kepler-Satelliten

## 1.2.1 - Der Satellit und seine Daten

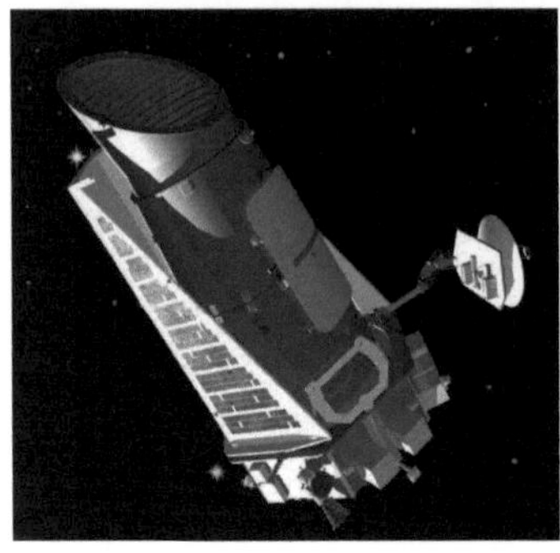

Die Suche nach Exoplaneten geschah bis vor kurzem durch das Satellitenteleskop **Kepler**. [13] Kepler ist ein Weltraumteleskop der NASA. [14] Es startete am 7. März 2009, um nach extrasolaren Planeten [1] zu suchen. [15]

Am 30. Oktober 2018 wurde der Betrieb wegen Treibstoffmangels eingestellt.

Erik Petigura von der Universität von Kalifornien in Berkeley in Zusammenarbeit mit Astronomen der Universität von Hawaii auf Manoa nahmen 2013 eine Auswertung von 150.000 Sternen vor und veröffentlichten ihre Ergebnisse im Fachblatt "Proceedings of the National Academy of Sciences" (PNAS). [16] [17]

Zur Auswertung der Keplerdaten benutzte man Schwankungen der Helligkeit von Sternen, die einen **Transit** [18] eines Planeten vor seiner Sonne kennzeichnen. Kepler machte über 4 Jahre hinweg alle 30 Minuten eine Messung.

## 1.2.2 - Die Auswertung von Erik Petigura [16] [17] [19]

Das Teleskop Kepler identifizierte unter den **150.000** beobachteten Sternen **42.000** die unserer Sonne ähneln, also Sterne der Spektralklasse G. In deren Umlaufbahnen hat *„Kepler"* insgesamt **603** Systeme mit Planeten entdeckt.

**10** Planeten davon sind etwa erdgroß und umkreisen ihren Stern in der sogenannten habitablen (bewohnbaren) Zone [20], wo lebensfreundliche Temperaturen herrschen.

**11 ± 4%** der sonnenähnlichen Sterne beherbergen einen Planeten mit 1-2 Erdradien, der die ein- bis vierfache Intensität der Sternintensität der Erde aufweist.

**5,7% bzw. <12%** beträgt das Vorkommen für Planeten mit 1-2 Erdradien mit Umlaufzeiten von P = 200–400 Tagen.

**26 ± 3%** der sonnenähnlichen Sterne beherbergen Planeten mit 1-2 Erdradien mit Umlaufzeiten von P < 100 Tagen.

**23 ± 3%** der sonnenähnlichen Sterne besitzen erdgroßen Planeten.

**20,4%** der sonnenähnlichen Sterne besitzen Planeten mit 1-2 Erdradien mit einer Umlaufzeit von P < 50 Tagen.

**5,8 ± 1,6%** der sonnenähnlichen Sterne besitzen Planeten mit 1-2 Erdradien mit Umlaufzeiten von P = 12,5–50 Tagen.

**7,7 ± 1,3%** der sonnenähnlichen Sterne besitzen Planeten mit 1-2 Erdradien mit Umlaufzeiten von P = 25–50 Tagen.

**1,6 ± 0,4%** der sonnenähnlichen Sterne beherbergen einen Planeten in Jupiter-Größe mit Umlaufzeiten von P = 5–100 Tagen.

**8,9 % bis 13,7%** sind Planeten, die größer als die Erde sind.

**22%** ist die maximal mögliche Vorkommensrate erdgroßer Planeten in bewohnbaren (habitablen) Zonen sonnenähnlicher Sterne.

Die Verteilung der Planetengrößen:

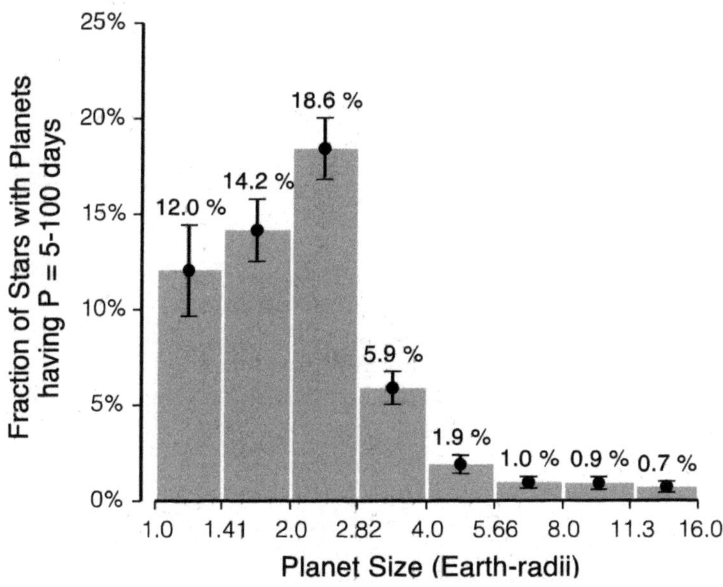


Diese Daten werden in den weiteren Betrachtungen als **Grundlage** benutzt.

### 1.2.3 – Auswertungen durch die Transitmethode

Die Transitmethode liefert ein großes Spektrum an ermittelbaren Daten, die dazu benutzt werden können Eigenschaften des Planeten zu bestimmen. Sofern die benötigten Parameter bekannt sind, lassen sich wichtige Informationen wie beispielsweise der Planetenradius, der Radius der Umlaufbahn, Umlaufzeit und auch Oberflächentemperatur aus den Beobachtungen ermitteln. [1]

**Planetenradius**

Bedeckt der Transitplanet seinen Stern, nimmt die Helligkeit ab. Der relative Abfall der Helligkeit während eines Transits gegenüber der nicht reduzierten Helligkeit des Sterns wird als **Transittiefe** ΔF bezeichnet.

Die Transittiefe **ΔF** lässt sich also als Verhältnis der Fläche des bedeckten Bereiches **A$_P$** gegenüber der Gesamtfläche der Sternenscheibe **A$_S$** darstellen.

$$\Delta F = \frac{A_P}{A_S} = \frac{R_P^2}{R_S^2}$$

Die Erde besitzt eine Transittiefe von 0,0084%. Der Planetenradius **R$_P$** ist proportional zum Radius des Sterns **R$_S$** und zur Wurzel der Transittiefe **ΔF**. Dann lässt sich der Planetenradius wie folgt berechnen [1] :

$$R_P = R_S \cdot \sqrt{\Delta F}$$

**Umlaufzeit**

Die Umlaufzeit **T$_P$** des Planeten lässt sich durch eine kontinuierliche Beobachtung des Sterns bestimmen. Dafür werden mindestens zwei Transits benötigt. Wenn alle Messungen den gleichen Helligkeitsverlauf aufweisen und die Abstände zwischen den Transits konstant waren, kann man aus dem zeitlichen Abstand ermitteln, wie lange der Planet für einen Umlauf braucht. [21]

**Radius der Umlaufbahn**

Die Masse eines Sterns **M$_S$** kann aus der Beobachtung seiner Leuchtkraft **L** durch die Masse-Leuchtkraft-Beziehung [22] bestimmt werden. Diese lautet:

$$L \approx M^{3,5}$$

Für Sterne der Hauptreihen ist die empirisch bestimmte Masse-Leuchtkraft-Beziehung gut belegt. Sie wurde 1926 zum ersten Mal in dem Buch „The Internal Constitution of Stars" (Der innere Aufbau der Sterne) von Sir Arthur Stanley Eddington beschrieben.
Alternativ lässt sich die Masse eines Planeten auch durch die Effektivtemperatur [23] bzw. den Spektraltyp eines Sterns bestimmen.
Wenn die Masse des Sterns bekannt ist, lässt sich mit Hilfe des dritten Keplerschen Gesetzes [24] und der Gravitationskonstante **G** die große Bahnhalbachse **a<sub>P</sub>** in **AE** bestimmen [25] [26]:

$$a_P = \sqrt[3]{\frac{G \cdot M_S \cdot T_P^2}{4\pi^2}}$$

**AE = astronomische Einheit = 149.597.870 Km = Abstand Sonne-Erde**


**Oberflächentemperatur**

Mit der folgenden Gleichung lässt sich die durchschnittliche Temperatur **T** (in Kelvin) an der Oberfläche eines Planeten bestimmen: [27]

$$T = \sqrt[4]{\frac{(1-\eta) \cdot L}{16\pi \cdot a^2 \cdot \sigma}}$$

Mit den folgenden Faktoren:

$\eta$: Energieverlust durch Lichtreflektion
a: Distanz zwischen dem Objekt und seinem Stern
$\sigma$: die sog. Stefan-Boltzmann-Konstante ($5{,}67 \cdot 10^{-8}$ W/(m²K$^4$))
L: Leuchtkraft des Sterns in J/s

Für die Erde resultiert mit $\eta$ = 0 - 0,3 eine Temperatur von T = 277-255 Kelvin. Beobachtet wird aber eine Temperatur T = 288 Kelvin. Diese höhere Temperatur wird auf den Treibhauseffekt zurückgeführt.


Das wahrscheinlich bekannteste Beispiel für einen Exoplaneten, der über die Transitmethode entdeckt wurde, ist **Kepler-22b**. [28] Dieser wurde erstmals 2009 vom Kepler Teleskop gesichtet, 2010 wurde er dann offiziell bestätigt.
Er liegt im **619** Lichtjahre entfernten Kepler-22-System. Die Sonne ist

aus der Spektralklasse **G5V** mit einer Oberflächentemperatur von **5.518** Kelvin. Der Radius des Kepler-22 Sterns beträgt **0,979** Sonnenradien und die Masse liegt bei **0,97** Sonnenmassen.
Der Planet hat einen Durchmesser von **2,38** Erdradien und liegt in der habitablen Zone mit einer Umlaufzeit von **289,86** Tagen. Die durchschnittliche Oberflächentemperatur beläuft sich auf **22°C**
Die Masse ist bisher nicht genau bekannt. Es soll lediglich kleiner als 36 Erdmassen sein. Daher wird der Planet in die Planetenklasse „Super-Erde" (G-Warm Superterran) eingeordnet.

### 1.2.4 - Zur Transitmethode

**a)** Aufgrund der unterschiedlichen Bahnneigungen der Planeten gegen unsere Sichtlinie tritt allerdings nur bei einem Teil erdähnlicher Planeten eine, aus unserer Richtung beobachtbare Bedeckung auf.
Die Wahrscheinlichkeit **p**, dass ein weit entfernter Beobachter einen Transit beobachten kann, errechnet sich aus dem Verhältnis des Raumwinkels in dem ein Transit stattfindet zum gesamten Raumwinkel. Für den dreidimensionalen Anteil der Orientierung, in dem ein Transit stattfindet, lässt sich der Raumwinkel $\Omega$ angeben als:

$$\Omega_{Transit} = \frac{4\pi R_S}{a_P}$$

Wobei **R$_S$** der Radius des Sterns ist und **a$_P$** die große Halbachse der Umlaufbahn des Planeten.
Der gesamte Raumwinkel wird mit $\Omega_{gesamt}$ **= 4 π** angeben. Damit ergibt sich:

$$p = \frac{\Omega_{Transit}}{\Omega_{gesamt}} = \frac{R_S}{a_p}$$

Mithilfe des 3. Keplerschen Gesetzes [24] und mit, aus den Sternmodellen, bekannter Sternenmasse **M$_S$**, lässt sich die Wahrscheinlichkeit so darstellen:

$$p = \frac{R_S}{T^{\frac{2}{3}}} \cdot \sqrt[3]{\frac{4\pi^2}{G \cdot M_S}}$$

Die Umlaufzeit verhält sich umgekehrt proportional zur Wahrscheinlichkeit. Zu erwarten ist demnach, dass Planeten mit einer niedrigeren Umlaufdauer mit einer höheren Wahrscheinlichkeit beobachtet werden können als solche mit einer hohen Umlaufdauer, was sich auch tatsächlich in den Daten zeigt. [29] [30]

Die geometrische Wahrscheinlichkeit $F_K$ eines solchen Transits, für die Erde, liegt bei $F_K$ = **0,465%** ≈ **1/215** [5] [31] Es könnten daher **maximal** noch **215** mal so viele Systeme mit Planeten vorhanden sein. Das kann man zu einer Rückrechnung benutzen:
Bei **603** entdeckten Systemen mit Planeten ergibt **215** mal so viele, also **129.645** unentdeckte Planetensysteme. Das sind **86,43** der beobachteten Sterne. Damit könnten **maximal** ebenso **86,43% der G-Sternsysteme**, in der Galaxie, über **Planeten** verfügen.

**b)** Nach Erik Petigura ergebe sich theoretisch als Maximum ein Anteil von **22%** der G-Sternsysteme, die etwa erdgroße Planeten in ihrer habitablen Zone besitzen könnten.

**c) 23-26%** der sonnenähnlichen Sterne besitzen etwa erdgroße Planeten.

**d) 5,7%** der sonnenähnlichen Sterne besitzen etwa erdgroße Planeten mit Umlaufzeiten von P = 200–400 Tagen.

**e)** In der Analyse von Transiten berücksichtigten die Forscher um Erik Petigura ebenfalls, dass „Kepler" nicht immer alle Planeten finden kann. Nach den Berechnungen von Petigura entgeht Kepler heute noch jeder **vierte** Planet. Dann könnten 4/3 mal mehr Planeten existieren als beobachtet.

Es können diese Maximal-Ergebnisse gebildet werden:

1) 86,43% der G-Sternsysteme könnten Planeten besitzen.
2) 22% der G-Sternsysteme könnten erdgroße Planeten in habitablen Zonen besitzen.
3) 23-26% der G-Sternsysteme könnten erdgroße Planeten besitzen.
4) 5,7% der G-Sternsysteme könnten entfernt erdähnliche Planeten besitzen.
5) Es könnten 4/3 mal G-Sternsysteme mit Planeten existieren als beobachtet.

Diese Werte werden in den weiteren Betrachtungen als **Referenz** für **Maximalabschätzungen** benutzt.

## 1.3 - Zur Auswertung der Kepler-Daten

Kepler beobachtete einen festen Ausschnitt mit ca. 190.000 Sternen im Sternbild Schwan. Statistisch gesehen ist das eine Datenpopulation, die groß genug ist, um **signifikante** Zahlen zur Verteilung sonnenähnlicher Sternsysteme zu erhalten.
Allerdings wurde nur ein kleiner Himmelsausschnitt dazu untersucht, von dem aber anzunehmen ist, dass hier eine galaktisch **durchschnittliche** Sternen-Verteilung vorhanden ist.
Um die Daten auf die ganze Galaxie [32] sicher übertragen zu können, bedarf es der folgender Voraussetzung:

**1.3.1 Axiom**  Die Daten des Keplersatelliten lassen sich auf die gesamte Galaxie übertragen.

Die Keplerdaten von Erik Petigura werden in der folgenden Abhandlung (Kapitel 1-7) benutzt, um eine **Verteilungsstatistik für habitable Planeten, in sonnenähnlichen Sternsystemen, in der Galaxie** zu entwickeln.

## 1.4 - Sonnenähnliche Sternsysteme

Von insgesamt **150.000** beobachteten Sternsystemen ähneln nach Erik Petigura **42.000** unserer Sonne, gehören so der Spektralklasse **G** an.
Das entspricht einem Anteil von **28%** bzgl. aller beobachteten Sterne. Dies ergibt sich auch aus anderen Zählungen und der Stellarstatistik. [33] Somit ist dieser Wert als einigermaßen gesichert anzusehen.
Der Wahrscheinlichkeitsfaktor, für das Auftreten von G-Sternen in unserer Galaxie, beträgt damit:

$$F_s = 42.000{:}150.000 = 7{:}25 = 0{,}28$$

Bezogen auf alle Sternsysteme **A** in unserer Galaxie ergibt sich die Anzahl $N_s$ der sonnenähnlichen Sternsysteme mit:

**1.4.1 Gleichung**    $\boxed{N_s = A \cdot F_s}$

Mit den folgenden Faktoren:

A = 100 – 300 Milliarden     Anzahl der Sterne in der Galaxie [32]
$F_s$ = 0,28 = 7:25     Wahrscheinlichkeit für G-Sterne

Einsetzen der Faktoren in die Gleichung 1.4.1 liefert:

**1.4.2 Satz      Die Anzahl der G-Sternsysteme, in unserer Gala-
xie, beträgt wahrscheinlich 28 bis 84 Milliarden.**


## 1.5 - G-Sterne mit Planeten

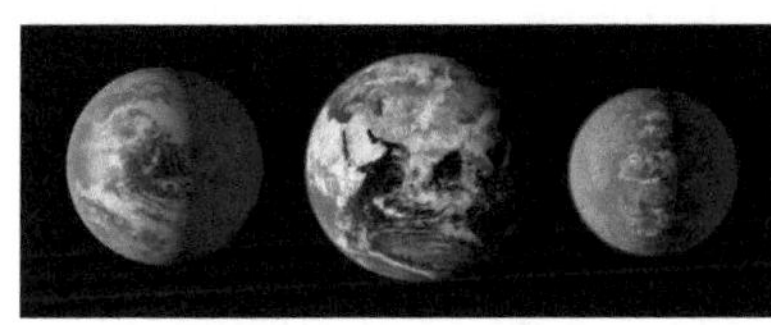

Von **42.000** sonnenähnlichen Systemen konnten nach Erik Petigura
**603** als **planeten-behaftet** erkannt
werden. Dies entspricht einem Anteil von **1,435%** bezüglich der sonnenähnlichen Systeme.

Der Wahrscheinlichkeitsfaktor beträgt damit:

$$F_p = 603:42.000 = 201:14.000 = 0,014.357 \approx 1:70$$

Bezogen auf alle Sternsysteme **A** in unserer Galaxie ergibt sich die
Anzahl $N_p$ der sonnenähnlichen Sternsysteme, mit Planeten, zu:

**1.5.1 Gleichung**

$$\boxed{\begin{aligned} N_p &= N_s \cdot F_p \\ N_p &= A \cdot F_s \cdot F_p \end{aligned}}$$

Einsetzen aller Faktoren in die Gleichung 1.5.1 liefert:

**1.5.2 Satz      Die Anzahl der G-Sternsysteme mit Planeten in
unserer Galaxie, beträgt wahrscheinlich 0,402 bis
1,206 Milliarden.**

**1.5.3 Definition      $F_{sp} = F_s \cdot F_p$**

$F_{sp}$     = 7:25 · 201:14.000
$F_{sp}$     = 0,004.02 ≈ **1:249**

Unter **249** Sternsystemen existiert ein sonnenähnliches System mit
mindestens einem Planeten.

## 1.5.4 Maximalbetrachtung

**a)** Wenn nach Kapitel 1.2.3 **86,43%** der G-Sternsysteme Planeten besitzen, dann folgt:
Die Anzahl der G-Sternsysteme in der Galaxie beträgt 28 bis 84 Milliarden. 86,43% davon sind **24,2** bis **72,6 Milliarde**n G-Sternsysteme mit Planeten.
Das ist etwa das **60**-fache des Wertes der aus dem bisherigen Modell (Satz 1.5.2) abgeleitet wurde

**b)** Wenn Kapitel 1.2.2 laut Erik Petigura **22%** der G-Sternsysteme erdgroße Planeten in habitablen Zonen besitzen, dann sind das auch G-Sternsysteme die über Planeten verfügen.
Die Anzahl der G-Sternsysteme in der Galaxie beträgt 28 bis 84 Milliarden. 22% davon sind **6,2** bis **18,5 Milliarden** G-Systeme mit Planeten. Das ist etwa das **15**-fache des Wertes der aus dem bisherigen Modell (Satz 1.5.2) abgeleitet wurde. Es ist aber zu beachten, dass hier die Habitabilität nicht berücksichtigt wird.

**e)** Nach Erik Petigura könnten 4/3 mal mehr Systeme mit Planeten existieren als beobachtet. Das wären dann **0,536** bis **1,608 Milliarden** G-Sternsysteme mit Planeten.

Diese Werte werden in den weiteren Betrachtungen als **Referenz** für **Maximalabschätzungen** benutzt.

## 1.6 - G-Sterne mit habitablen Planeteen

## 1.6.1 - Habitable Zone

Man muss eine Unterscheidung hinsichtlich der Oberflächentemperatur von Planeten vornehmen.
Hierzu wird der **Sternorbit** in drei Zonen eingeteilt: *warme*, *habitable* und *kalte* Zone.
Als Kriterium für die Einteilung gilt der Aggregatzustand von Wasser auf der Oberfläche. Nur in der habitablen Zone ist es möglich, dass Wasser in flüssiger Form auftritt.
Als **habitable** (bewohnbare) Zone [20] bezeichnet man daher den **Abstandsbereich**, in dem sich ein Planet von seinem Zentralstern

befinden muss, damit Wasser dauerhaft in flüssiger Form, als Voraussetzung für Leben vorkommen kann.

Liegt ein Planet in dieser habitablen Zone, wird er als *potentiell bewohnbar* (**warm**) eingeordnet. Planeten, die zwischen Stern und habitabler Zone liegen, werden als **hot** eingestuft. Ein Planet außerhalb der habitablen Zone wird als **cold** bezeichnet.

Die genaue Position einer habitablen Zone in einem Sonnensystem, ist vom Sterntypus abhängig, d.h. von der **Strahlung** und der **Temperatur** des Sterns.

Die habitable Zone kann vereinfacht, aus der Leuchtkraft eines Sterns berechnet werden. Der **Durchschnittsradius** dieser Zone, eines beliebigen Sternes, kann mit folgender Gleichung berechnet werden: [20]

$$d = \sqrt{\frac{L_{Stern}}{L_{Sonne}}} \ [AE]$$

**d**        ist der Durchschnittsradius der bewohnbaren Zone in **AE** [25]
$L_{Stern}$   ist die bolometrische Leuchtkraft eines Sternes
$L_{Sonne}$  ist die bolometrische Leuchtkraft der Sonne

In der Astronomie ist die *bolometrische Helligkeit* [34] ein Maß für die Gesamtleuchtkraft eines Himmelskörpers, d.h. die über das gesamte elektromagnetische Spektrum integrierte Leuchtkraft.

Bei einem Stern **doppelt** so hell wie die Sonne ist der Durchschnittsradius **1,4 AE**.

## 1.6.2 - Katalogdaten für Exoplaneten

Egal wie viele Planeten es gibt, die nun folgenden Verhältnisse sind davon **unabhängig**.

Auch wenn nur ein Teil der Planeten entdeckt bzw. beobachtet werden konnte, bleibt das **Verhältnis** von planeten-behafteten zu habitablen und zu erdgroßen Planeten **gleich**. Das ist beobachtbar, katalogisierbar und damit auch auswertbar.

Es erfolgt somit die Betrachtung und Auswertung der Daten **für planetenbehaftete Systeme zu Systemen mit habitablen Planeten**.

Von **603** durch Kepler bis 2013 beobachteten Planeten in G-Sternsystemen konnte laut Erik Petigura in **10** Systemen Planeten in habitablen Zonen, nachgewiesen werden. Dieses entspricht einem Anteil von **1,658%** bzgl. der beobachteten Planetensysteme. Der Wahrscheinlichkeitsfaktor beträgt damit:

$$F_{h1} = 10:603 = 0{,}016.583 \approx 1:60$$

Im September 2015 waren insgesamt **1.952** Exoplaneten bekannt. Nach dem *„Habitable Exoplanets Catalog"* [35] existieren **31** Sternsysteme mit Planeten in habitablen Zonen. **21** waren Supererden und nur **10** wurden als etwa erdgroß eingestuft. Nur in **4** Systemen konnte man Planeten als entfernt erdähnlich einordnen.
Wenn **31** Systeme von **1.952** Systemen habitable Planeten besitzen, entspricht dies einem Anteil von **1,588%**, also:

$$F_{h2} = 31: 1.952 = 0{,}015.881 \approx 1:63$$

Die NASA veröffentlichte am 9. Mai 2016 die neueste Datenlage zum Keplerteleskop. [36] [37] Inzwischen seien **1.284** neue Exoplaneten entdeckt worden. Damit seien insgesamt **2.325** Exoplaneten bekannt. In **550** Systemen befinden sich wahrscheinlich Felsplaneten, wie die Erde. **9** Planeten befinden sich in einer habitablen Zone. Damit beträgt die Wahrscheinlichkeit für habitable Planeten:

$$F_{h3} = 9:550 = 0{,}016.363 \approx 1:61$$

Nach dem *„Habitable Exoplanets Catalog"* [35] vom Dezember 2017 existieren **53** Sternsysteme mit Planeten in habitablen Zonen.
**30** seien Supererden, **22** sind als etwa erdgroß eingestuft und ein Planet der Klasse Suberde. Nur in **5** von **13** ausgewählten Systemen, konnte man Planeten als entfernt erdähnlich einordnen.
Wenn von **2.751** bekanten Sternsystemen mit Planeten, **53** Systeme mit habitablen Planeten existieren, dann beträgt die Wahrscheinlichkeit für habitable Planeten:

$$F_{h4} = 53:2.751 = 0{,}019.265 \approx 1:52$$

Im Juli 2018 waren insgesamt **3875** verifizierte steinige Exoplaneten bekannt. Nach dem *„Habitable Exoplanets Catalog"* [35] existieren **55** Sternsysteme mit Planeten, in habitablen Zonen. **32** davon sind Supererden, **16** sind als etwa erdgroß eingestuft und einer ist Planet der Klasse Suberde, also Planeten die kleiner als die Erde sind. Nur in **5** von **16** etwa erdgroßen Systemen, konnte man Planeten als entfernt erdähnlich einordnen.
Von insgesamt **3.875** Exoplaneten sind **992** Supererden, **73** Suber-

den, **5** Minierden und **717** sind etwa erdgroß. Sowie **809** Neptunians und **1.273** Jovians.

Dieses entspricht einem Anteil von **1,419%** bzgl. der untersuchten Planetensysteme. Der Wahrscheinlichkeitsfaktor beträgt damit:

$$F_{h5} = 55{:}3875 = 0{,}014.193 \approx 1{:}70$$

Im Dezember 2019 waren insgesamt **4122** verifizierte steinige Exoplaneten in **3063** Systemen bekannt. Nach dem *„Habitable Exoplanets Catalog"* [35] existieren **55** Sternsysteme mit Planeten, in habitablen Zonen. **34** davon sind Supererden, **20** sind als etwa erdgroß eingestuft und einer ist Planet der Klasse Suberde.

Der Wahrscheinlichkeitsfaktor beträgt damit:

$$F_{h6} = 55{:}3063 = 0{,}017.956 \approx 1{:}56$$

Aus den Daten von 2013 bis 2019 ergibt sich für die minimale und maximale Wahrscheinlichkeit eines Planeten in der habitablen Zone:

**1.6.2.1 Gleichung** $\qquad 0{,}014.193 \leq F_h \leq 0{,}019.265$
$$1{:}70 \leq F_h \leq 1{:}52$$

Das sich Differenzen bilden liegt daran, dass wir es hier mit einer wesentlich kleineren Datenpopulation zu tun haben, als bei der Petigura-Untersuchung und die zeitlichen Abstände der Informationen nicht konstant, sowie die einzelnen Informationsquellen auch nicht synchronisiert sind. Geringe Schwankungen sind daher unausweichlich.

Es sei noch einmal darauf hingewiesen, dass die genaue Position einer habitablen Zone, in einem Sonnensystem, vom Sterntypus abhängig ist, d.h. von der Strahlung und der Temperatur des Sterns. Bei den Katalogdaten für Exoplaneten war nicht immer ersichtlich um welchen Sternentypus es sich handelt.

Erschwerend kommt hinzu, dass das hier gesichtete Datenmaterial in seinen Aussagen nicht homogen ist. Manche Daten sind daher nur schwer zu vergleichen, so dass eine gewisse Filterung vorzunehmen war.

Eine bewährte Methode ist zunächst einmal die Schranken, also die maximalen Abweichungen zu ermitteln, was mit der Gleichung 1.6.2.1 realisiert wird. Als nächstes bildet man den Mittelwert aus den sechs Beobachtungsdaten und erhält so:

**1.6.2.2 Gleichung** $\qquad F_{hm} = 0{,}016.707 \pm 0{,}0024 \approx 1{:}60$
$$1{:}70 \leq F_h \leq 1{:}52$$

Was recht gut mit dem Wert $F_{h1}$ = 0,016.584 = 10:603 aus der Petigura-Untersuchung übereinstimmt, denn wenn man den Petigura-Wert etwas rundet von 10:603 auf 10:600, erhält man 1:60. Was dem Mittelwert 1:60 aus den Beobachtungsdaten entspricht.

Zur Vereinfachung aller weiterer Rechnungen kann mit dem gerundeten Wert aus der Petigura-Untersuchung gearbeitet werden, also:

$$F_h = 0,016.66... = 1:60$$

Insgesamt ergibt sich damit eine gute Übereinstimmung der Petigura-Daten mit den inzwischen angefallenen Beobachtungen und den daraus resultierenden Katalogdaten.

Bezogen auf alle Sternsysteme **A** in unserer Galaxie ergibt sich die Anzahl $N_h$ der sonnenähnlichen Sternsysteme, die habitable Planeten besitzen, zu:

**1.6.2.3 Gleichung**

$$N_h = N_p \cdot F_h$$
$$N_h = A \cdot F_s \cdot F_p \cdot F_h$$

Einsetzen der Faktoren in die Gleichung 1.6.2.3 liefert:

**1.6.2.4 Satz** **Die Anzahl der G-Sternsysteme, mit habitablen Planeten in unserer Galaxie, beträgt wahrscheinlich 6,66 bis 20 Millionen.**

### 1.6.2.5 Maximalbetrachtung

**a)** Wenn nach Kapitel 1.2.3 **86,43%** der G-Sternsysteme Planeten besitzen würde wäre das nach Maximalbetrachtung 1.5.4 das **60-fache** des Wertes der aus dem bisherigen Modell abgeleitet wurde
Damit könnte die maximale Zahl der G-Sternsysteme mit habitablen Planeten bei **400 Millionen** bis **1,2 Milliarden** liegen.

**b)** Nach Kapitel 1.2.2 könnten, laut Erik Petigura, maximal **22%** aller G-Sternsysteme, in der Galaxie, über habitable erdgroße Planeten verfügen. Dann sind das auch G-Sternsysteme die über habitable Planeten verfügen.
Die Anzahl der G-Sternsysteme in der Galaxie beträgt 28 bis 84 Milliarden. 22% davon sind **6,2** bis **18,5 Milliarden** G-Systeme mit habitablen Planeten.
Das ist etwa das **930**-fache des Wertes der aus dem bisherigen Mo-

dell (Satz 1.6.2.4) abgeleitet wurde.

**e)** Nach Erik Petigura könnten **4/3** mal mehr Systeme mit Planeten existieren als beobachtet. Das wären dann **8,88** bis **26,64 Millionen** G-Sternsysteme mit habitablen Planeten.


## 1.7 - Wahrscheinlichkeit für habitable Planeten

Wenn man nur die Planeten betrachtet, dann lässt sich noch eine Gleichung für die Wahrscheinlichkeit eines habitablen Planeten, in einem sonnenähnlichen System, aufstellen:

**1.7.1 Definition** $\boxed{F_{sph} = F_s \cdot F_p \cdot F_h}$

$F_{sph}$ = 7:25 · 1:70 · 1:60
$F_{sph}$ = 0,000.066.667 = **1:15.000**

Unter **15.000** Sternsystemen existiert ein sonnenähnliches System mit mindestens einem habitablen Planeten.


## 1.8 - Planetenkategorien

Das *Planetary Habitability Laboratory* (PHL) [38] ist ein Forschungsprojekt der University of Puerto Rico at Arecibo mit dem Ziel die Bewohnbarkeit des Sonnensystems und von Exoplaneten abzuschätzen. Aus diesem Projekt ist eine Klassifizierung von Planeten entstanden. [39]

Zuerst wird der Sternorbit in **drei** Zonen eingeteilt: **warm**, **habitable** und **cold**.
Planeten werden in die **zwei** Typen **Gesteinsplane**ten (terrestrisch) und **Gasriesen** (jovianisch) eingeteilt.

Es existieren folgende **PHL-Größenklassen**:

**Minierden** (Miniterrans) besitzen etwa Merkurgröße, bis zu 0,4 Erdradien und bis zu 0,1 Erdmassen.

**Suberden** (Subterrans) besitzen etwa Marsgröße, zwischen 0,1 bis 0,5 Erdradien und 0,4 bis 0,8 Erdmassen

Planeten mit einer Größe von 0,8 bis zu 1,5 Erdradien und 0,5 bis zu

5 Erdmassen werden als **erdähnlich** (Terrans) bezeichnet. Die Erde kann in diesem System als G-Warm-Terran eingeteilt werden.

**Supererden** (Superterrans) besitzen einen Radius zwischen 1,5 und 2,5 Erdradien und die Masse liegt bei dem 5 bis 10-fachen der Erde.

Die **Neptunähnlichen** Planeten (Neptunians) besitzen ca. Neptungrösse und umfassen eine Masse von 10 bis zu 50 Erdmassen und sind 2,5 bis 6 Mal so groß wie die Erde.

Alle Himmelskörper, die ca. Jupitergröße besitzen oder diese übersteigen, sind als **Jupiterähnlich** (Jovians) klassifiziert.

Es existieren mehrere Kataloge für Exoplaneten bzw. habitable Planeten. [40] [41] [42]
Im nächsten Kapitel wird hauptsächlich mit den Daten aus dem *„Habitable Exoplanets Catalog"* [30] gearbeitet, sowie der Klassifizierung von Planeten nach dem *„Planetary Habitability Laboratory"*. [33]

Nach den PHL-Größenklassen existiert eine Planetenkategorie die als „erdähnlich" (Terrans) bezeichnet wird. In dem hier vorliegenden Modell wird diese Planetenkategorie als **etwa erdgroße Planeten (Terran great)** eingestuft.

**Terrans = Terran great**

Zusätzlich werden zwei weitere Unterkategorien geschaffen, die **entfernt erdähnlichen Planeten (Terran like)** und die **„Erden 2" (Terran earth)**.
Die genaue Beschreibung und Definition der neuen Kategorien wird im nächsten Kapitel behandelt.


### 1.8.1 Bemerkung zur Mathematik

Die Menge aller Sterne in unserer Galaxie bildet die Grundlage aller hier gemachten Betrachtungen. Die Menge der G-Sterne ist eine echte Teilmenge der Menge aller Sterne in unserer Galaxie.
Die Menge der G-Sterne, die Planeten besitzen, ist wiederum eine echte Teilmenge der sonnenähnlichen Sternsysteme. Die Menge der G-Sterne, die Planeten in der habitablen Zone besitzen, ist wiederum eine echte Teilmenge der sonnenähnlichen Sternsysteme mit Planeten. Daher gilt:

$$N_h \subset N_p \subset N_s \subset A$$

Durch diese Teilmengenverkettung kommt auch die Kettenartige Struktur der Gleichungen für die Anzahl der Planeten her. Die einzelnen Wahrscheinlichkeitsfaktoren sind dabei multiplikativ zu einer Kette verbunden.

Diese Struktur wird sich noch in allen weiteren Betrachtungen fortsetzen und noch wachsen. Die Endgleichung die sich dann ergibt ist äquivalent zum Aufbau der klassischen Drake-Gleichung (Kapitel 9.1), als auch der Seager-Gleichung (Kapitel 10.1).

Dadurch wird nicht nur ein Vergleich der Modelle möglich, sondern auch die Transformation der Drake- und der Seager-Gleichung in das vorliegende Modell.

Da hier das Modell Faktor für Faktor stufenweise aufgebaut wird, dürfte das zu einem besseren Verständnis der kettenartigen Struktur der Gleichungen beitragen.


## 1.9 - Zusammenfassung

Aus den Keplerwerten, die durch Erik Petigura analysiert wurden, und aus den Katalogdaten ergeben sich insgesamt folgende Wahrscheinlichkeiten für die **Häufigkeitsverteilungen von Planeten in sonnenähnlichen Systemen in der Galaxie:**

| Symbol | Rate | Faktor | Bezeichnung |
| --- | --- | --- | --- |
| | | | |
| $F_s$ | 7:25 | 0,28 | G-Sterne |
| $F_p$ | 1:70 | 0,014.285 | G-Sterne mit Planeten |
| $F_{pmax}$ | 11:50 | 0,22 | |
| $F_{hm}$ | 1:60 | 0,016.6... | G-Sterne mit habitablen Planeten |
| $F_h$ | 1:70 - 1:52 | | |

| | | | |
| --- | --- | --- | --- |
| $F_{sph}$ | 1:15.000 | 0,000.066 | Habitable Planeten um G-Stern |

Die aufgeführten Faktoren werden in allen weiteren Betrachtungen und Berechnungen als **Grundlage** benutzt.

# 2 – Auswertung von Katalogdaten

## 2.1 - Weitere Katalogdaten für Exoplaneten

Aus den Daten von 2015 bis 2019 ergibt sich für die minimale und maximale Wahrscheinlichkeit eines Planeten in der habitablen Zone:

$$1{:}70 \leq F_h \leq 1{:}52$$
$$F_h \approx 1{:}60$$

Die Konsistenz der vorliegenden Daten, sowie die Informationen aus den Katalogdaten lassen sich dazu nutzen weitere Wahrscheinlichkeiten, für Untermengen von habitablen Planeten abzuleiten.
Das sind die **Suberden, die Supererden, etwa erdgroße Planeten und entfernt erdähnliche Planten**, die in den nächsten Abschnitten behandelt werden.

## 2.2 - Suberden

**Suberden** (Subterrans) sind Planeten die eine kleinere Masse als die Erde besitzen und auch in der Größe kleiner sind.
Den Mars könnte man in diese Kategorie einstufen.

Laut dem „*Habitable Exoplanets Catalog*", Dezember 2017, [35] existiert **eine** Suberde unter **53** habitablen Planeten. Das entspricht einem Anteil von **1,886%**. Der Wahrscheinlichkeitsfaktor beträgt damit:

$$F_{hsub1} = \textbf{1{:}53} = 0{,}018.867$$

Laut dem „*Habitable Exoplanets Catalog*", Juli 2018, [35] existiert **eine** Suberde unter **49** habitablen Planeten. Das entspricht einem Anteil von **2,04%**. Der Wahrscheinlichkeitsfaktor beträgt damit:

$$F_{hsub2} = \textbf{1{:}49} = 0{,}020.408$$

Laut dem „*Habitable Exoplanets Catalog*", Juli 2018 [35] sind insgesamt **3.875** Exoplaneten bekannt, davon sind **73** Suberden. Das entspricht einem Anteil von **1,88%**. Der Wahrscheinlichkeitsfaktor beträgt:

$$F_{hsub3} = 73{:}3.875 = 0{,}018.838 \approx 1{:}53$$

Laut dem „*Habitable Exoplanets Catalog*", Dezember 2019, [35] existiert **eine** Suberde unter **55** habitablen Planeten. Das entspricht einem Anteil von **1,81%**. Der Wahrscheinlichkeitsfaktor beträgt damit:

$$F_{hsub4} = 1{:}55 = 0{,}018.18...$$

Bildet man die minimale und maximale Wahrscheinlichkeit einer Suberde in der habitablen Zone, ergibt sich:

**2.2.1 Gleichung** $\qquad 0{,}018.18 \leq F_{hsub} \leq 0{,}020.408$
$$1{:}55 \leq F_{hsub} \leq 1{:}49$$

Der Mittelwert aus den vier Beobachtungsdaten beträgt:

$$F_{hsubm} = 0{,}019.074 \pm 0{,}001 \approx 5{:}263 \approx 1{:}52$$

**2.2.2 Satz** $\qquad$ **Etwa 2% aller habitablen Planeten, in sonnenähnlichen Sternsystemen, sind wahrscheinlich Suberden.**

**2.2.3 Satz** $\qquad$ **Etwa 2% aller Planeten, in Sternsystemen, sind wahrscheinlich Suberden.**

Dann lässt sich Gleichung 1.6.2.3 für sonnenähnlichen Sternsysteme, die habitable Planeten besitzen, modifizieren und es kann eine Beziehung für Suberden abgeleitet werden.

Bezogen auf alle Sternsysteme **A** in unserer Galaxie ergibt sich die Anzahl $N_{hsub}$ der G-Sternsysteme, mit habitablen Suberden, zu:

**2.2.4 Gleichung**
$$\boxed{\begin{aligned} N_{hsub} &= N_h \cdot F_{hsub} \\ N_{hsub} &= A \cdot F_{sph} \cdot F_{hsub} \end{aligned}}$$

Ausgangspunkt sind 100 - 300 Milliarden Sonnensysteme in der Galaxie, und Einsetzen in die Gleichung 2.2.4 liefert:

**2.2.5 Satz** $\qquad$ **Es könnten 126.743 bis 380.228 habitable Suberden, in sonnenähnlichen Sternsystemen in unserer Galaxie, existieren.**

Die Wahrscheinlichkeit für habitable Suberden in sonnenähnlichen Sternsystemen, in der Galaxie, beträgt dann:

**2.2.6 Definition**     $F_{sub} = F_{sph} \cdot F_{hsub}$

$F_{sub}$     $= 1{:}15.000 \cdot 5{:}263$
$F_{sub}$     $= 0{,}000.001.267 \approx$ **1:789.000**

Unter etwa **789.000** sonnenähnlichen Sternsystemen existiert eines mit einer habitablen Suberde. Prinzipiell spricht nichts dagegen, dass auch auf Suberden Leben entstehen kann, zumindest in Form von Flora.
Zweifelhaft ist jedoch, da sich wegen der niedrigen Schwerkraft und Größe nur eine dünne Atmosphäre bilden kann, ob sich auf solchen Planeten wirklich höheres Leben, Intelligenz und Zivilisation entwickeln kann.

## 2.3 - Supererden

**Supererden** (Superterrans) sind Planeten mit mindestens einer vierfachen Erdmasse. Die meisten Supererden liegen in einem Bereich von 4 bis zu 20 Erdmassen.
Es existieren aber auch Exemplare bis zu 40 Erdmassen. Die meisten Supererden sind etwa so groß wie die Erde oder höchstens doppelt so groß. In unserem Sonnensystem existiert keine Supererde.

Laut dem *„Habitable Exoplanets Catalog"*, vom September 2015, [35] sind **21** von **31** habitablen Planeten sogenannte Supererden.
Das entspricht einem Anteil von **67,74%**. Der Wahrscheinlichkeitsfaktor beträgt damit:

$$F_{hsup1} = \textbf{21:31} = 0{,}677.419$$

Laut dem *„Habitable Exoplanets Catalog"*, vom Dezember 2017, [35] sind **30** von **53** habitablen Planeten Supererden.
Das entspricht einem Anteil von **56,6%**. Der Wahrscheinlichkeitsfaktor beträgt damit:

$$F_{hsup2} = 30{:}53 = 0{,}566.037$$

Laut dem *„Habitable Exoplanets Catalog"*, vom Februar 2019, [35] sind **32** von **49** habitablen Planeten Supererden.
Das entspricht einem Anteil von **65,3%**. Der Wahrscheinlichkeitsfaktor beträgt damit:

$$F_{hsup3} = 32{:}49 = 0{,}653.061$$

Laut dem *„Habitable Exoplanets Catalog"*, vom Dezember 2019, [35] sind **34** von **55** habitablen Planeten Supererden.
Das entspricht einem Anteil von **61,8%**. Der Wahrscheinlichkeitsfaktor beträgt damit:

$$F_{hsup4} = 34{:}55 = 0{,}618.18...$$

Bildet man die minimale und maximale Wahrscheinlichkeit einer Supererde in der habitablen Zone, ergibt sich:

**2.3.1 Gleichung**
$$0{,}566.037 \leq F_{hsup} \leq 0{,}677.419$$
$$30{:}53 \leq F_{hsup} \leq 21{:}31$$

Bildet man den Mittelwert aus den vier Beobachtungsdaten so erhält man:

$$F_{hsupm} = 0{,}628.675 \pm 0{,}063 \approx 100{:}159$$

**2.3.2 Satz**  **Etwa 63% aller habitablen Planeten, in sonnenähnlichen Sternsystemen, sind wahrscheinlich Supererden.**

Dann lässt sich aus Gleichung 1.6.2.3 für sonnenähnliche Sternsysteme, die habitable Planeten besitzen, auch eine Beziehung für Supererden ableiten.
Bezogen auf alle Sternsysteme **A** in unserer Galaxie ergibt sich die Anzahl $N_{hsup}$ der G-Sternsysteme, mit habitablen Supererden, zu:

**2.3.3 Gleichung**
$$N_{hsup} = N_h \cdot F_{hsup}$$
$$N_{hsup} = A \cdot F_{sph} \cdot F_{hsup}$$

Ausgangspunkt sind 100 - 300 Milliarden Sonnensysteme, in der Galaxie. Einsetzen in die Gleichung 2.3.3 liefert:

**2.3.4 Satz**       **Es könnten 4,193 bis 12,578 Millionen habitable Supererden in sonnenähnlichen Sternsystemen in unserer Galaxie, existieren.**

Die Wahrscheinlichkeit für habitable Supererden in sonnenähnlichen Sternsystemen, in der Galaxie, beträgt dann:

**2.3.5 Definition**        $F_{sup} = F_{sph} \cdot F_{hsup}$

$F_{sup}$     $= 1{:}15.000 \cdot 100{:}159$
$F_{sup}$     $= 0{,}000.041.929 \approx \mathbf{1{:}23.850}$

Unter etwa **23.850** sonnenähnlichen Sternsystemen existiert eines, mit mindestens einer Supererde.

Laut dem *„Habitable Exoplanets Catalog"*, Juli 2018 [35] sind insgesamt **3.875** Exoplaneten bekannt, davon sind **992** Supererden. Das entspricht einem Anteil von **25,6%**. Der Wahrscheinlichkeitsfaktor beträgt damit:
$$F_{hsub} = 992{:}3.875 = 0{,}256 = 10{:}39 \approx 1{:}4$$

**2.3.6 Satz**       **Ein Viertel aller Planeten, in sonnenähnlichen Sternsystemen, sind wahrscheinlich Supererden.**

**2.3.7 Satz**       **Ein Viertel aller Planeten sind wahrscheinlich Supererden.**

Prinzipiell spricht nichts dagegen, dass auch auf Supererden einfaches Leben entstehen kann, in Form von Flora.
Wegen der hohen Schwerkraft, ist es jedoch zweifelhaft, ob sich auf solchen Planeten wirklich Intelligenz und Zivilisation entwickeln kann. Wahrscheinlicher sind Zivilisationen auf etwa erdgroßen Planeten und entfernt erdähnlichen Planeten.

Die Konsistenz der bisher vorliegenden Daten, sowie die Informationen aus den Katalogdaten lassen sich dazu nutzen weitere Wahrscheinlichkeiten, für Untermengen von habitablen Planeten, abzuleiten.
Aus den vorhandenen Katalogdaten lassen sich für Planeten, die als Lebensträger in Frage kommen, noch zwei weitere Planetenkategorien ableiten, die bestimmbar sind, nämlich für **etwa erdgroße Planeten** und **entfernt erdähnliche Planeten**.

## 2.4 - Etwa erdgroße Planeten

**Etwa erdgroße Planeten** (Terrans = Terran great) sind Planeten mit mindestens einer Erdmasse. Fast alle bisher gefundenen etwa erdgroßen Planeten liegen in einem Bereich von 1,3 bis 4,8 Erdmassen. Die meisten dieser Planeten sind etwas größer als die Erde, oder höchstens doppelt so groß.

Laut dem *„Habitable Exoplanets Catalog"*, vom September 2015, [35] sind **10** von **31** habitablen Planeten etwa erdgroß. Dies entspricht einem Anteil von 32,258%. Der Wahrscheinlichkeitsfaktor beträgt damit:

$$F_{g1} = \mathbf{10\!:\!31} = 0,322.580 \approx 1\!:\!3$$

Laut dem *„Habitable Exoplanets Catalog"*, vom Dezember 2017, [35] sind **22** von **53** habitablen Planeten etwa erdgroß. Dies entspricht einem Anteil von 41,509%. Der Wahrscheinlichkeitsfaktor beträgt damit:

$$F_{g2} = \mathbf{22\!:\!53} = 0,415.094 \approx 5\!:\!12$$

Laut dem *„Habitable Exoplanets Catalog"*, vom Mai 2019, [35] sind **16** von **49** habitablen Planeten etwa erdgroß. Dies entspricht einem Anteil von 32,65%. Der Wahrscheinlichkeitsfaktor beträgt damit:

$$F_{g3} = \mathbf{16\!:\!49} = 0,326.530 \approx 1\!:\!3$$

Laut dem *„Habitable Exoplanets Catalog"*, vom Dezember 2019, [35] sind **21** von **55** habitablen Planeten etwa erdgroß. Dies entspricht einem Anteil von 38,18%. Der Wahrscheinlichkeitsfaktor beträgt damit:

$$F_{g4} = \mathbf{21\!:\!55} = 0,381.818... = 50\!:\!131$$

Bildet man die minimale und maximale Wahrscheinlichkeit für etwa erdgroße Planeten in der habitablen Zone, ergibt sich:

**2.4.1 Gleichung**

$$0,322.580 \leq F_g \leq 0,415.094$$
$$10\!:\!31 \leq F_g \leq 22\!:\!53$$

Bildet man den Mittelwert aus den vier beobachteten Werten, so erhält man:

$$F_{gm} = \tfrac{1}{4}\, \Sigma F_{gi} = 0{,}361.506 \pm 0{,}04$$
$$F_{gm} \approx 500{:}1.383 \approx 100{:}277$$

**2.4.2 Satz**    **Etwa 36% aller habitablen Planeten, in G-Sternsystemen, sind wahrscheinlich etwa erdgroß.**

Dann lässt sich aus Gleichung 1.6.2.3 für sonnenähnliche Sternsysteme, die habitable Planeten besitzen, ebenfalls eine Beziehung für etwa erdgroße Planeten extrapolieren.
Bezogen auf alle Sternsysteme **A** in unserer Galaxie ergibt sich die Anzahl $N_{hg}$ der sonnenähnlichen Sternsysteme, mit habitablen, etwa erdgroßen Planeten, zu:

**2.4.3 Gleichung**

$$N_{hg} = N_h \cdot F_g$$
$$N_{hg} = A \cdot F_{sph} \cdot F_g$$

Ausgangspunkt sind 100 - 300 Milliarden Sonnensysteme, in der Galaxie. Einsetzen in die Gleichung 2.4.3 liefert:

**2.4.4 Satz**    **Es könnten 2,407 bis 7,22 Millionen, etwa erdgroße, habitable Planeten in G-Sternsystemen in der Galaxie, existieren.**

Die Wahrscheinlichkeit für habitable, etwa erdgroße Planeten, in sonnenähnlichen Sternsystemen, in der Galaxie, beträgt dann:

**2.4.5 Definition**    $F_{hg} = F_{sph} \cdot F_g$

$$F_{hg} = F_{sph} \cdot F_g$$
$$F_{hg} = 1{:}15.000 \cdot 100{:}277$$
$$F_{hg} = 0{,}000.024.067 \approx \mathbf{1{:}41.550}$$

Unter etwa **41.550** sonnenähnlichen Sternsystemen existiert eines, mit mindestens einem habitablen, etwa erdgroßen Planeten.

Laut dem *„Habitable Exoplanets Catalog"*, Juli 2018 [35] sind insgesamt **3.875** Exoplaneten bekannt, davon sind **717** etwa erdgroß.
Das entspricht einem Anteil von **18,5%**. Der Wahrscheinlichkeitsfaktor beträgt damit: $F_{pga} = 717{:}3.875 = 0{,}185.032 \approx 200{:}1081 \approx 1{:}5$

**2.4.6 Satz**      **Etwa 20% aller Planeten sind wahrscheinlich etwa erdgroß.**

Es sollte noch bedacht werden, dass Satz 2.4.6 keine Berücksichtigung bzgl. der Habitabilität macht. In der Betrachtung sind sowohl habitable als auch nicht habitable Planeten enthalten.
Es ist daher unwahrscheinlich das auch alle G-Sternsysteme die habitable Planeten besitzen einen Anteil von 20% etwa erdgroßen Planeten aufweisen. Das lässt sich aber nutzen um noch folgende Maximalbetrachtung machen:

### 2.4.7 Maximalbetrachtung 1

Laut dem „Habitable Exoplanets Catalog", vom Juli 2018, [35] sind insgesamt 18,5% aller Exoplaneten etwa erdgroß. Der Wahrscheinlichkeitsfaktor beträgt damit: $F_g$ = **717:3.875** = 0,185.032
Nach Satz 1.5.2 existieren zwischen 0,4 bis 1,2 Milliarden sonnenähnliche Sternsysteme mit Planeten. 18,5% davon wären dann **74,37** bis **223 Millionen** sonnenähnliche Sternsysteme mit erdgroßen Planeten
Das ist das etwa **31**-fache dessen, was aus dem bisherigen Modell (Satz 2.4.4) ableitet wurde. Es findet hier keine Berücksichtigung bzgl. der Habitabilität statt. Es sind auch die nicht habitablen erdgroßen Planeten in der Menge enthalten. Daher bedeutet es auch, dass die Wahrscheinlichkeit unter erdgroßen Planeten einen habitablen zu finden etwa **1:31** beträgt.

### 2.4.8 Maximalbetrachtung 2

Laut Erik Petigura weisen **20-26%** der sonnenähnlichen Sterne in der Galaxie einen erdgroßen Planeten auf.
Nach Satz 1.5.2 existieren zwischen 0,4 bis 1,2 Milliarden sonnenähnliche Sternsysteme mit Planeten. 20-26%±3% davon wären dann **80-104** bis **240-312 Millionen** sonnenähnliche Sternsysteme mit erdgroßen Planeten.
Das ist das **33-43**-fache dessen, was aus dem bisherigen Modell ableitet wurde Es bedeutet es dass die **mittlere** Wahrscheinlichkeit unter erdgroßen Planeten einen habitablen zu finden **1:38** beträgt.

Aus den vorhergehenden Betrachtungen und den Maximalbetrachtungen 2.4.7 und 2.4.8 lässt sich noch folgender Rückschluss ziehen:

**1,6%** (1:60) aller G-Sternsysteme mit Planeten besitzen habitable Planeten.
**37%** (100:277) aller G-Sternsysteme mit habitablen Planeten besitzen erdgroße Planeten.
Dann besitzen 1:60 · 100:277 = 1 : 166 = 0,006.016 entsprechend **0,602%** aller G-Sternsysteme mit Planeten einen habitablen, erdgroßen Planeten.

**20%** (1:5) aller Planeten verfügen über einen erdgroßen Planeten. Daher muss gelten:

$$1{:}60 \cdot 100{:}277 = 0{,}006.016 = 1{:}5 \cdot x$$

Die Wahrscheinlichkeit unter erdgroßen Planeten einen habitablen Planeten zu finden beträgt **25:831 ≈ 1:33**

**2.4.9 Satz**     **Die Wahrscheinlichkeit unter erdgroßen Planeten einen habitablen zu finden beträgt etwa 1:33.**

Was mit den Werten aus den Maximalbetrachtungen 2.4.7 und 2.4.8 recht gut übereinstimmt.
Dies zeigt, dass die vorliegenden Daten konsistent und in sich schlüssig sind, was auch noch einmal bestätigt, dass die **Verhältnisse** planetenbehafteter G-Sternsysteme zu Systemen mit habitablen und etwa erdgroßen Planeten konstant und von der absoluten Planetenzahl **unabhängig** sind.


**2.4.10 Maximalbetrachtung 3**

**a)** Wenn **86,43%** der G-Sternsysteme Planeten besitzen würde wäre das nach Maximalbetrachtung 1.5.4 das **60**-fache des Wertes der aus dem bisherigen Modell abgeleitet wurde
Damit könnte die maximale Zahl der G-Sternsysteme mit habitablen etwa erdgroßen Planeten bei **144,42** bis **433,26 Millionen** liegen.

**b)** Laut Erik Petigura sollen maximal **22%** aller G-Sternsysteme, in der Galaxie, über habitable erdgroße Planeten verfügen.
Die Anzahl der G-Sternsysteme in der Galaxie beträgt 28 bis 84 Milliarden. 22% davon sind **6,2** bis **18,5** Milliarden G-Systeme mit habitablen erdgroßen Planeten.
Das st etwa das **2.575**-fache des Wertes der aus dem bisherigen Modell (Satz 2.4.4) abgeleitet wurde.

**e)** Nach Erik Petigura könnten **4/3** mal mehr Systeme mit Planeten existieren als beobachtet. Das wären dann **3,21** bis **9,628 Millionen** G-Sternsysteme mit habitablen erdgroßen Planeten.


## 2.5 - Bemerkung zu Pressemitteilungen

In der Presse sind immer wieder so Schlagzeilen zu lesen wie „Milliarden bewohnbare Planeten in der Milchstraße" (spiegel.de) [43] oder „Jeder zweite Stern mit einem Erdzwilling?" (scinexx.de). [44] Das sind aber alles nur erfolgserheischende Schlagzeilen von umsatzgierigen Journalisten und ist genau genommen nicht korrekt.

Schon beim Lesen der Artikel fällt auf, dass die Autoren dann doch weitgehend zurückrudern und sich dann Zahlen ergeben die erheblich kleiner liegen als in der Schlagzeile propagiert.

Diese Artikel berufen sich dabei in der Regel auf die Untersuchung von Erik Petigura in der PNAS und der Aussage das maximal 22% der G-Sternsysteme erdgroße Planeten in der habitablen Zone besitzen könnten.

Die Anzahl der G-Sternsysteme in der Galaxie beträgt 28 bis 84 Milliarden. 22% davon sind 6,2 bis 18,5 Milliarden G-Systeme mit habitablen etwa erdgroßen Planeten.

Diese Anzahl wird dann aber direkt als „erdähnlich" oder sogar „bewohnbar" deklariert und das ist, aufgrund der Informationslage gar nicht möglich und daher **nicht** zulässig!!!

Hier werden die **Größenkategorien** nicht berücksichtigt. In der PHL-Kategorisierung werden Planeten die eigentlich nur etwa erdgroß sind als *Terrans* bzw. *erdähnlich* bezeichnet. Das ist eigentlich etwas irreführend, denn es induziert Terrans = „Erde 2". Das ist aber **nicht** der Fall!!!

Um Missverständnisse und Verwechslungen zu vermeiden wurden deshalb hier die Kategorien **Terran great** und **Terran like** sowie **Terran** earth in Kapitel 1.8 eingeführt.

In der PHL-Kategorisierung:   Terrans      (erdähnlich)
In der neuen Katekorisierung:   Terran great   (etwa erdgroß)

                                        Terran like     (entfernt erdähnlich)
                                        Terran earth   (Erde 2)

Der Fehler der in der Presse gemacht wird, besteht darin etwa erdgroße Planeten mit erdähnlichen bzw. „Erden 2" und damit auch (potenziell) bewohnbaren Planeten gleichzusetzen.

Aus den vorliegenden Information kann nicht auf erdähnliche Planeten geschlossen werden und schon gar nicht ob diese bewohnbar sind. Deshalb sind solche Maximalangaben wie in den Pressemitteilungen unzulässig und irreführend bzw. wilde Spekulationen.


Die hier gemachten Maximalabschätzungen beruhen auf fundierten Daten und liegen bei weiten nicht so hach wie bei der Presse. Es haben sich bisher mehrere Möglichkeiten ergeben, z.B. das 15-fache, das 31-fache, das 60-fache der Werte aus dem Modell scheinen möglich zu sein.

Laut dem „Habitable Exoplanets Catalog", vom Juli 2018, [35] sind insgesamt **18,5% aller** Exoplaneten etwa erdgroß.

Laut Erik Petigura weisen **23±3%** der sonnenähnlichen Sterne in der Galaxie einen erdgroßen Planeten auf.

Bei beiden Aussagen findet hier keine Berücksichtigung bzgl. der Habitabilität statt, daher ist es unwahrscheinlich das unter habitablen erdgroßen Planeten die gleiche Vorkommensrate gilt.

Daher ist das **31-33**-fache dessen, was aus dem bisherigen Modell ableitet wurde schon zu hoch angesetzt.

Das gilt dann auch für alle höheren Werte, wie etwas das **30**-fache, **60**-fache, **925**-fache oder **2.480**-fache.

Verbleibt noch das **15**-fache (1.5.4) der bisher abgeleiteten Werte und die **4/3** mal so großen Werte. Diese beiden Werte werden in den weiteren Betrachtungen als **Referenz** für **Maximalabschätzungen** benutzt.

Um das 30, 60, 925, 2.480-fache zu erhalten braucht das Ergebnis aus dem 15-fachen ja nur mit 2, 4, 62 oder 165 multipliziert werden. Daher ist es auch nicht erforderlich die größeren Werte explizit zu nennen. Es lassen sich noch folgende Wahrscheinlichkeiten für etwa erdgroße Planeten aufstellen:

| Symbol | Rate | Bezeichnung |
| --- | --- | --- |
|  |  |  |
| $F_h$ | 1:60 | Habitable Planeten |
| $F_g$ | 100:277 | etwa erdgroße Planeten unter habitable Planeten |
| $F_{hg}$ | 1:166 | Habitable etwa erdgroße Planeten |
| $F_{pg}$ | 1:5 | erdgroße Planeten |
| $F_{gh}$ | 1:33 | Habitable Planeten unter erdgroßen Planeten |

Unter den G-Sternsystemen mit Planeten besitzen nur **0,6%** einen habitablen etwa erdgroßen Planeten.

**42**

Zur Übersicht ist hier eine Tabelle von 21 Planeten dargestellt, die als etwa erdgroß (Terran great = Terrans) eingestuft werden, mit Stand Dezember 2019 nach dem „Habitable Exoplanets Catalog" [35] von der „Planetary Habitability Laboratory" (PHL). [38]

| Name | Typ | Masse | Radius | Temperatur | Periode |
|---|---|---|---|---|---|
| | | ME | RE | °C | Tage |
| | | | | | |
| Teegarden's Star b | M-Warm Terran | 1,05 | — | -6 | 4,9 |
| K2-72 e | M-Warm Terran | — | 1,29 | -12 | 24,2 |
| GJ 3323 b | M-Warm Terran | 2,02 | — | -8 | 5,4 |
| TRAPPIST-1 d | M-Warm Subterran | 0,41 | 0,77 | -6 | 4 |
| GJ 1061 c | M-Warm Terran | 1,75 | — | 2 | 6,7 |
| TRAPPIST-1 e | M-Warm Terran | 0,62 | 0,92 | -40 | 6,1 |
| GJ 667 C f | M-Warm Terran | 2,54 | — | -28 | 39 |
| Proxima Cen b | M-Warm Terran | 1,27 | — | -46 | 11,2 |
| Kepler-442 b | K-Warm Terran | — | 1,35 | -38 | 112,3 |
| GJ 273 b | M-Warm Terran | 2,89 | — | -7 | 18,6 |
| GJ 1061 d | M-Warm Terran | 1,68 | — | -52 | 13 |
| Wolf 1061 c | M-Warm Terran | 3,41 | — | 2 | 17,9 |
| GJ 667 C c | M-Warm Terran | 3,81 | — | 1 | 28,1 |
| tau Cet e | G-Warm Terran | 3,93 | — | 12 | 162,9 |
| Kepler-1229 b | M-Warm Terran | — | 1,4 | -60 | 86,8 |
| GJ 667 C e | M-Warm Terran | 2,54 | — | -63 | 62,2 |
| TRAPPIST-1 f | M-Warm Terran | 0,68 | 1,04 | -70 | 9,2 |
| Teegarden's Star c | M-Warm Terran | 1,11 | — | -71 | 11,4 |
| Kepler-62 f | K-Warm Terran | — | 1,41 | -68 | 267,3 |
| TRAPPIST-1 g | M-Warm Terran | 1,34 | 1,13 | -89 | 12,4 |
| Kepler-186 f | M-Warm Terran | — | 1,17 | -91 | 129,9 |

Wie zu sehen ist schwankt die Masse der Planeten zwischen 0,4 bis 3,9 Erdmassen, während die Größe sich mit 0,77 bis 1,41 Erdradien in Grenzen hält. Die Temperaturen an der Oberfläche zeigen jedoch, dass diese Planeten noch weit entfernt von „bewohnbar" sind.
Der „Habitable Exoplanets Catalog" [30] listet noch weitere 31 Supererden auf, von denen 11 eine Größe aufweisen die sich auf 1,51 bis 1,87 Erdradien beläuft und die als potentiell erdgroß noch in Betracht kommen.

## 2.6 - Entfernt erdähnliche Planeten

Unter den etwa erdgroßen Planeten gibt es noch eine Menge von Planeten die etwa eine Erdmasse aufweisen, die annähernd erdgroß sind und in der Umlaufdauer um ihr Zentralgestirn, sowie in der Rotationsdauer, eine gewisse Ähnlichkeit mit der Erde besitzen. Solche Planeten werden hier als **entfernt erdähnliche Planeten** (Terrans like) bezeichnet.

Laut dem *„Habitable Exoplanets Catalog"*, vom September 2015, [35] sind **4** von **10** habitablen etwa erdgroßen Planeten als entfernt erdähnlich zu bezeichnen. Dies entspricht einem Anteil von **40%**. Der Wahrscheinlichkeitsfaktor beträgt damit:

$$F_{a1} = 4{:}10 = 0{,}4 = \mathbf{2{:}5}$$

Laut dem *„Habitable Exoplanets Catalog"*, vom Dezember 2017, [35] sind **5** von **13** ausgewählten habitablen etwa erdgroßen Planeten als entfernt erdähnlich zu bezeichnen. Dies entspricht einem Anteil von **38,46%**. Der Wahrscheinlichkeitsfaktor beträgt damit:

$$F_{a2} = \mathbf{5{:}13} = 0{,}384.615$$

Laut dem *„Habitable Exoplanets Catalog"*, vom Mai 2019, [35] sind **5** von **16** ausgewählten habitablen etwa erdgroßen Planeten als entfernt erdähnlich zu bezeichnen. Dies entspricht einem Anteil von **31,25%**. Der Wahrscheinlichkeitsfaktor beträgt damit:

$$F_{a3} = \mathbf{5{:}16} = 0{,}312.5$$

Laut dem *„Habitable Exoplanets Catalog"*, vom Dezember 2019, [35] sind **4** von **21** ausgewählten habitablen etwa erdgroßen Planeten als entfernt erdähnlich zu bezeichnen. Dies entspricht einem Anteil von **19%**. Der Wahrscheinlichkeitsfaktor beträgt damit:

$$F_{a4} = \mathbf{4{:}21} = 0{,}19$$

Bildet man die minimale und maximale Wahrscheinlichkeit für entfernt erdähnliche Planeten in der habitablen Zone, ergibt sich:

**2.6.1 Gleichung** $\qquad 0,19 \le F_a \le 0,4$

$\qquad\qquad\qquad\qquad 4{:}21 \le F_a \le 2{:}5$

Bildet man den Mittelwert aus den Informationen, so erhält man:

**2.6.2 Gleichung** $\qquad F_{am} = \tfrac{1}{4}\,\Sigma F_{ai} = 0,321.898 \pm 0,13$

$\qquad\qquad\qquad\qquad F_{am} \approx 100{:}311$

**2.6.3 Satz** $\qquad$ **Etwa 32% aller habitablen, etwa erdgroßen Planeten, in sonnenähnlichen Systemen, sind wahrscheinlich entfernt erdähnlich.**

Dann lässt sich aus Gleichung 2.4.2 für habitable, etwa erdgroße Planeten eine Beziehung für entfernt erdähnliche Planeten extrapolieren.

Bezogen auf alle Sternsysteme **A** in unserer Galaxie ergibt sich die Anzahl $N_{ha}$ der sonnenähnlichen Sternsysteme, mit habitablen, entfernt erdähnlichen Planeten, zu:

**2.6.4 Gleichung**

$$\boxed{\begin{aligned} N_{ha} &= N_{hg} \cdot F_a \\ N_{ha} &= A \cdot F_{sph} \cdot F_g \cdot F_a \end{aligned}}$$

Ausgangspunkt sind 100 - 300 Milliarden Sonnensysteme, in der Galaxie, und Einsetzen in die Gleichung 2.6.4 liefert:

**2.6.5 Satz** $\qquad$ **Es könnten 0,774 bis 2,322 Millionen entfernt erdähnliche habitable Planeten in sonnenähnlichen Sternsystemen in unserer Galaxie, existieren.**

Die Wahrscheinlichkeit für habitable, entfernt erdähnliche Planeten, in sonnenähnlichen Sternsystemen, in der Galaxie, beträgt dann:

**2.6.6 Definition** $\qquad F_{ha} = F_{hg} \cdot F_a$

$\qquad\qquad\qquad\qquad F_{ha} = F_{sph} \cdot F_g \cdot F_a$

$F_{ha} \qquad = F_{sph} \cdot F_g \cdot F_a$

$F_{ha} \qquad = 1{:}15.000 \cdot 100{:}277 \cdot 100{:}311$

$F_{ha} \qquad \approx \mathbf{1{:}129.220}$

Damit ergibt sich, dass nur etwa jedes **129.220-te** sonnenähnliche Sternsystem einen entfernt erdähnlichen Planten, in der habitablen Zone, hervor bringt.

### 2.6.7 Maximalbetrachtung

**a)** Wenn **22%** der sonnenähnlichen Sterne nach Erik Petigura (Betrachtung 1.5.4) einen Planeten besitzen, ergibt es das **15**-fache des Wertes der aus dem bisherigen Modell abgeleitet wurde. Das wären dann **11,61** bis **34,83** Millionen G-Sternsysteme mit entfernt erdähnlichen habitablen Planeten.

**d) 5,7%** der sonnenähnlichen Sterne besitzen etwa erdgroße Planeten mit Umlaufzeiten von P = 200–400 Tagen.
Die Anzahl der G-Sternsysteme in der Galaxie beträgt 28 bis 84 Milliarden. 5,7% davon sind **1,6** bis **4,8** Milliarden G-Systeme mit habitablen erdgroßen Planeten.
Das ist etwa das **2.067**-fache des Wertes der aus dem bisherigen Modell (Satz 2.6.5) abgeleitet wurde.

**e)** Nach Erik Petigura könnten **4/3** mal mehr Systeme mit entfernt erdähnlichen habitablen Planeten existieren als beobachtet. Das wären dann **1,032** bis **3,096 Millionen** G-Sternsysteme mit habitablen entfernt erdähnlichen Planeten.


## 2.7 - Zusammenfassung

Die bis jetzt gefundenen Planeten stimmen, in der Regel etwa in der Größe mit der Erde überein, können jedoch auch bis zu doppelt so groß sein.
In der Rotationsdauer sowie der Umlaufzeit gibt es aber ziemliche Abweichungen und die Masse der gefundenen Planeten ist stets größer als die der Erde.
Die Schwerkraft ist dort so erhöht, dass kein Erdenmensch dort länger leben könnte. Trotzdem kann nicht ausgeschlossen werden, dass sich dort auch Leben in Form von Flora und Fauna entwickeln könnte.

**Unter einer „Erde 2" wird hier ein Planet verstanden, der in seiner Größe, Umlaufzeit, Rotationsdauer und Atmosphäre erdähnlich ist. Weiterhin über Ozeane und Kontinente verfügt und der Erde derart gleicht, so dass Menschen dort leben könnten.**

Eine wirkliche „Erde 2" ist bis heute noch **nicht** gefunden worden.

Hier eine Tabelle der 4 Planeten die als entfernt erdähnlich (Terran like) in Betracht kommen:

| Name | Typ | Radius | Temperatur | Periode |
|------|-----|--------|------------|---------|
|      |     | RE     | °C         | Tage    |
|      |     |        |            |         |
| Kepler-442 b | K-Warm Terran | 1,35 | -38 | 112,3 |
| Kepler-1229 b | M-Warm Terran | 1,4 | -60 | 86,8 |
| Kepler-62 f | K-Warm Terran | 1,41 | -68 | 267,3 |
| Kepler-186 f | M-Warm Terran | 1,17 | -91 | 129,9 |

Die Größe der Planeten ergibt mit 1,17 bis 1,41 Erdradien und auch die Umlaufzeit liegt in ähnlichen Größenordnungen. Die Temperaturen an der Oberfläche zeigen jedoch das auch diese Planeten noch weit entfernt von „Bewohnbarkeit" sind.

Es verbleiben also vier Planeten aus der Tabelle der 21 Planeten, die die Kriterien für einen entfernt erdähnliche Planeten (Terran like) annähernd erfüllen.

Alle bis hierhin dargestellten Überlegungen beruhen auf der Auswertung empirischer Daten des Keplerteleskopes und aus Katalogdaten. **Sie stellen somit die reale Situation dar**.

Aus der Analyse der Katalogdaten ergeben sich damit insgesamt die folgenden Wahrscheinlichkeiten für die Häufigkeitsverteilungen von habitablen Planeten:

| Symbol | Rate | Faktor | Bezeichnung |
|--------|------|--------|-------------|
|        |      |        |             |
| $F_{hsub}$ | 1:52 | 0,019.23 | Suberden |
| $F_{hsup}$ | 100:159 | 0,628.93 | Supererden |
| $F_g$ | 100:277 | 0,361 | etwa erdgroße Planeten |
| $F_g$ | 10:31 - 22:53 |  |  |
| $F_a$ | 100:311 | 0,321.543 | entfernt erdähnliche Planeten |
| $F_a$ | 4:21 - 2:5 |  |  |

Unter den G-Sternsystemen mit Planeten besitzen nur etwa **0,2%** einen habitablen entfernt erdähnlichen Planeten.

## 2.8 - Konventionen und Schreibweisen

In den folgenden Kapiteln werden Planeten in diese sechs Kategorien eingeordnet:

### 2.8.1 Definition Planetenkategorien

| | |
|---|---|
| **h** | **Planeten in (h)abitablen Zonen** |
| **hsup** | **(h)abitable (Sup)ererden** |
| **hsub** | **(h)abitable (Sub)erden** |
| **g** | **habitable, etwa erd(g)roße Planeten** |
| | können bis zu doppelt so groß wie die Erde sein |
| | können bis zu vierfache Erdmasse besitzen |
| **a** | **habitable, entfernt erd(a)ehnliche Planeten** |
| | Rotationsdauer, Umlaufzeit weichen von der Erde ab |
| | Der Mars gehört in diese Kategorie |
| **e** | **habitable, (e)rdähnliche Planeten („Erde 2")** |

Die Indizes in allen Gleichungen und Betrachtungen dieses Buches sind durchformatiert, mit den folgenden Bedeutungen:

### 2.8.2 Definition Indizes

| | |
|---|---|
| **s** | (s)onnenähnliche |
| **p** | (P)laneten behaftet |
| **h** | (h)abitable Zone |
| **sub** | (Sub)erden |
| **sup** | (Sup)ererden |
| **g** | etwa erd(g)roß |
| **a** | entfernt erd(a)ehnlich |
| **e** | (e)rdähnlich |
| **L** | (L)eben |
| **i** | (i)ntelligente Spezies |
| **z** | (Z)ivilisation |
| **u** | (u)eberlebende Zivilisation |
| **m** | (m)enschlich, humanoid |
| **x** | nicht sonnenähnliche |
| **RZ** | (r)ote (Z)werge |

### 2.8.3 Konvention

Bei sonnenähnlichen Systemen kann der Index **s** gegebenenfalls entfallen, da die nichtsonnenähnlichen durch ein **x** gekennzeichnet sind.

# 3 – „Erde 2.0"

## 3.1 - Wie viele „Erden 2" sind wahrscheinlich?

Während bis hierhin alle Überlegungen und Berechnungen auf den empirischen Daten des Keplerteleskopes und Katalogdaten beruhen, daher die reale Situation wiedergeben, ist die Wahrscheinlichkeit $F_e$ für eine **zweite Erde** heute noch eine ungewisse Größe.

Der Begriff **„Erde 2"** (Terran earth) stammt von der Redewendung *„Erde zwei Punkt Null"* ab.

Aus Gleichung 2.5.2 für sonnenähnliche Sternsysteme, mit habitablen, entfernt erdähnlichen Planeten, weiterentwickelt, beträgt die Anzahl $N_{he}$ der habitablen „Erden 2", in unserer Galaxie, demnach:

**3.1.1 Gleichung**

$$N_{he} = N_{ha} \cdot F_e$$
$$N_{he} = A \cdot F_{sph} \cdot F_g \cdot F_a \cdot F_e$$
$$N_{he} = A \cdot F_s \cdot F_p \cdot F_h \cdot F_g \cdot F_a \cdot F_e$$

## 3.2 - Fallunterscheidungen

Es kann eine erste Abschätzung für den Wahrscheinlichkeitsfaktor $F_e$ entwickelt werden.

## FALL 1

Laut dem *„Habitable Exoplanets Catalog"*, vom Dezember 2019, [35] sind **4** von **21** ausgewählten habitablen etwa erdgroßen Planeten als entfernt erdähnlich zu bezeichnen.

Die Wahrscheinlichkeit für eine zweite Erde liegt dann bei maximal 1:5. Die Wahrscheinlichkeit für eine zweite Erde wird daher mit 20% angesetzt. Der Wahrscheinlichkeitsfaktor beträgt daher $F_{e1} = 0,2$. Die Wahrscheinlichkeit, unter habitablen Planeten, eine „Erde 2" zu finden, beträgt demnach:

$$F_{gae1} = F_g \cdot F_a \cdot F_{e1}$$
$$F_{gae1} = 100{:}277 \cdot 100{:}311 \cdot 1{:}5$$
$$F_{gae1} = 0{,}023.216 \approx 1{:}43$$

Das bedeutet: Unter **43** habitablen Planeten sollte eine „Erde 2" zu finden sein. Demnach müssten wir bereits eine zweite Erde gefunden haben. Da dies bisher nicht geschehen ist (bislang sind 55 habitable Planeten bekannt) liegt die Wahrscheinlichkeit $F_{e1}$ = **0,2** zu hoch und kann daher in den weiteren Betrachtungen entfallen.

## FALL 2

Die Wahrscheinlichkeit, in der habitablen Zone, einen entfernt erdähnlichen Planeten zu finden, lässt sich wie folgt formulieren:

$$F_{e2} = F_g \cdot F_a$$
$$F_{e2} = 100{:}277 \cdot 100{:}311$$
$$F_{e2} = 0{,}116.08 \approx 5{:}43$$

Die Wahrscheinlichkeit für einen entfernt erdähnlichen Planeten beträgt 11,6%. Die Wahrscheinlichkeit für eine zweite Erde wird daher **ansatzweise** mit maximal **10%** gewählt. Der Wahrscheinlichkeitsfaktor beträgt damit: $F_{e2}$ = 0,1 = 1:10.

$$F_{gae2} = F_g \cdot F_a \cdot F_{e2}$$
$$F_{gae2} = 100{:}277 \cdot 100{:}311 \cdot 1{:}10$$
$$F_{gae2} = 0{,}011 \approx 1{:}86$$

Das bedeutet: Unter **86** habitablen Planeten sollte eine „Erde 2" zu finden sein. Da 55 habitable Planeten bekannt sind müssten wir demnach in den nächsten Jahrzehnten eine zweite Erde finden.

## FALL 3

Die, durch das Keplerteleskop bestimmte Anzahl der sonnenähnlichen Systeme mit Planeten beträgt 1,43%. Die Anzahl der Sonnen, mit Planeten, in habitablen Zonen beträgt 1,66%.
Die Wahrscheinlichkeit für eine zweite Erde wird daher **ansatzweise** minimal mit **1%** gewählt. Der Wahrscheinlichkeitsfaktor beträgt damit: $F_{e3}$ = 0,01 = 1:100.

$$F_{gae3} = F_g \cdot F_a \cdot F_{e3}$$
$$F_{gae3} = 100{:}277 \cdot 100{:}311 \cdot 1{:}100$$
$$F_{gae3} = 0{,}001.1 \approx 1{:}861$$

Unter **861** habitablen Planeten sollte eine „Erde 2" zu finden sein.

## 3.3 - Konsequenzen

Die Fälle **2** und **3** aus der Fallunterscheidung lassen sich anwenden, um eine Minimum-Maximum-Aussage zu erhalten.

Einsetzen aller Werte ($F_e$ = 0,1) in die Gleichung 3.1.1 liefert:

$N_{he1}$ = (100-300)·$10^9$ · 1:15.000 · 100:277 · 100:311 · 1:10
**$N_{he1}$ = 77.387 – 232.161**          habitable „Erden 2"

Einsetzen aller Werte ($F_e$ = 0,01) in die Gleichung 3.1.1 liefert:

$N_{he2}$ = (100-300)·$10^9$ · 1:15.000 · 100:277 · 100:311 ·1:100
**$N_{he2}$ = 7.738 – 23.216**          habitable „Erden 2"

Die beiden Ergebnisse lassen sich dann zusammenfassen, zu folgender Aussage:

**3.3.1 Satz:**          **Es existieren wahrscheinlich 7.738 bis 232.160 „Erden 2", in sonnenähnlichen Sternsystemen, in unserer Galaxie.**

Die Wahrscheinlichkeit für einen habitable, erdähnliche Planeten, in sonnenähnlichen Sternsystemen, in der Galaxie, beträgt dann:

**3.3.2 Definition**          $F_{he} = F_{sph} \cdot F_g \cdot F_a \cdot F_e$
$F_{he} = F_s \cdot F_p \cdot F_h \cdot F_g \cdot F_a \cdot F_e$

$F_{he}$          = $F_{sph} \cdot F_g \cdot F_a \cdot F_e$
$F_{he}$          = 1:15.000 · 100:277 · 100:311 · (1:10-1:100)
$F_{he}$          = 1:1.292.205 – 1:12.922.050

Nur jedes **1,292 – 12,922 Millionste** Sternsystem besitzt einen wirklich erdähnlichen Planeten.

Betrachtet man nur die habitablen etwa erdgroßen Planeten, dann kann man noch eine Wahrscheinlichkeit für die Ähnlichkeit zu einer „Erde 2" aufstellen.

**3.3.3 Definition**          $\boxed{F_{gae} = F_g \cdot F_a \cdot F_e}$

Es lassen sich zwei Werte generieren:

$F_{gae1}$ $\quad = 100{:}277 \cdot 100{:}311 \cdot 1{:}10 \approx \textbf{1:86}$

$F_{gae2}$ $\quad = 100{:}277 \cdot 100{:}311 \cdot 1{:}100 = \textbf{1:861}$

Nach Definition 1.7.1 gilt bereits:

$$\mathbf{F_{sph} = F_s \cdot F_p \cdot F_h}$$

Dann lässt sich Gleichung 3.1.1 für eine „Erde 2", auch so wiedergeben:

**3.3.4 Gleichung**

$$\mathbf{N_{he} = A \cdot F_s \cdot F_p \cdot F_h \cdot F_g \cdot F_a \cdot F_e}$$
$$\mathbf{N_{he} = A \cdot F_{sph} \cdot F_{gae}}$$

$\mathbf{F_{sph}}$ = 1:15.000 $\qquad$ Faktor für eine habitable Zone
$\mathbf{F_{gae}}$ = 1:86 bis 1:861 $\qquad$ Faktor für Erdähnlichkeit


## 3.4 - „Wieviel Sternlein stehn?"

Die Frage die hier entsteht lautet: Wie viele Sterne muss man untersuchen, um eine „Erde 2" zu finden?
Es lassen sich wieder zwei Fälle unterscheiden, da die Wahrscheinlichkeit $\mathbf{F_e}$, für erdähnliche Planeten, minimal 0,01 und maximal 0,1 betragen kann.

### FALL 1 ($F_e$ = 0,1)

Die Wahrscheinlichkeit, unter habitablen Planeten, eine „Erde 2" zu finden:

$F_{gae1}$ $\quad = F_g \cdot F_a \cdot F_{e1}$
$F_{gae1}$ $\quad = 100{:}277 \cdot 100{:}311 \cdot 1{:}10$
$F_{gae1}$ $\quad = 0{,}011.608 \approx \textbf{1:86}$

Das heißt: **unter 86 habitablen Planeten** ist eine „Erde 2" zu finden.

Um diese habitablen Planeten zu finden müssten etwa 5.160 sonnenähnliche Sternsysteme untersucht werden, die Planeten besitzen. Das wären insgesamt etwa 361.200 sonnenähnliche Sternsysteme. Dazu müsste man, mit dem Keplerteleskop, dann insgesamt 1,29 Millionen Sternsysteme untersuchen. Das ist etwa das **9-fache** der bisher untersuchten Sternenmenge.

**Konsequenz 1**

Unter etwa 1,29 Millionen Sternsystemen ist wahrscheinlich ein System zu finden, welches eine „Erde 2" enthält. Das entspricht gerundet der **9-fachen** Menge an Sternen, die durch das Keplerteleskop bisher untersucht worden sind.

## FALL 2 ($F_e = 0,01$)

Die Wahrscheinlichkeit, unter habitablen Planeten, eine „Erde 2" zu finden beträgt:

$$F_{gae2} = F_g \cdot F_a \cdot F_{e2}$$
$$F_{gae2} = 100{:}277 \cdot 100{:}311 \cdot 1{:}100$$
$$F_{gae2} = 0,001.16 \approx \mathbf{1{:}861}$$

Das bedeutet: **unter 861 habitablen Planeten** ist eine „Erde 2" zu finden.
Um diese habitablen Planeten zu finden, muss man 51.660 sonnenähnliche Sternsysteme untersuchen, die Planeten besitzen.
Somit müssten 3.616.200 sonnenähnliche Sternsysteme und insgesamt 12,915 Millionen Sternsysteme beobachtet und analysiert werden. Das ist das **86-fache** der bisher untersuchten Sternenmenge.

**Konsequenz 2**

Unter etwa **12,915 Millionen** Sternsystemen ist wahrscheinlich ein System zu finden, dass eine „Erde 2" enthält. Das ist die **86-fache** Menge an Sternen, die bisher durch das Keplerteleskop untersucht worden sind.

Beide Fälle zusammengefasst ergibt folgende Aussage:

**3.4.1 Satz**  **Die 9-fache bis 86-fache Menge an Sternen, die mit dem Keplerteleskop bis 2013 untersucht worden sind, werden noch benötigt um eine „Erde 2" zu finden.**

Damit ergibt sich insgesamt:

**3.4.2 Gleichung**   $1{:}861 \leq F_{gae} \leq 1{:}86$

Aktuell findet, durch neuere Satelliten und verfeinerte Technologien, eine fast exponentielle Erfassung von Planeten statt. Ausgehend von der derzeitigen Geschwindigkeit mit der Exoplaneten erfasst werden, kann es allerdings noch einige Jahre bzw. Jahrzehnte dauern, bis hier empirisch signifikante Zahlen vorliegen.

**Die Zeit bis zur Entdeckung einer zweiten Erde ist sogar ein Maß für die Häufigkeit.**
Je länger es dauert eine „Erde 2" zu finden, umso geringer ist die Wahrscheinlichkeit $F_e$ für eine zweite Erde.

$$F_e \approx 1/\Delta t$$

Eine schnellere Entdeckung einer zweiten Erde ist nur möglich wenn man, in einer kürzeren Zeitspanne, noch wesentlich mehr Sterne untersuchen würde, als bis heute beobachtet.
Hier könnte das TESS-Teleskop der Ausweg sein, das seit 2018 in Betrieb ist. (siehe Kapitel 10.1) TESS soll etwa 350 mal mehr Sterne untersuchen können als Kepler. Daher ist schon **innerhalb der nächsten 5-10 Jahre wahrscheinlich eine „Erde 2" zu finden**.


### 3.4.3 Maximalbetrachtung

**22%** der sonnenähnlichen Sterne besitzen, nach Erik Petigura, etwa erdgroße Planeten in ihrer habitablen Zone. Das ergibt das 15-fache des Wertes der aus dem bisherigen Modell abgeleitet wurde. Also existieren auch 15 mal so viele erdähnliche Planeten wie bisher abgeleitet. Insgesamt **116.070** bis **3,482 Millionen** G-Sternsysteme mit „Erden 2".
Es sind also maximal **3,482 Millionen** „Erden 2" die man als potentiell **bewohnbar** bezeichnen kann und nicht die Milliarden die in der Presse propagiert werden.

Es sind 4 entfernt erdähnliche Planeten bekannt. Demnach könnten bis 15 mal mehr also 60 entfernt erdähnliche Planeten existieren.
Dann würde die Wahrscheinlichkeit der Erde $F_e < 1:60 = 0{,}016$ betragen, wenn innerhalb der nächsten Zeit eine „Erde 2" gefunden würde. Das liegt noch gut im veranschlagten Intervall $(0{,}01 \leq F_e \leq 0{,}1)$ für die Wahrscheinlichkeit einer Erde.

Es sei noch einmal darauf hingewiesen, dass die **Verhältnisse** von habitablen zu erdgroßen zu entfernt erdähnlichen und zu „Erden 2" von der tatsächlichen Anzahl aller Planeten **unberührt** bleiben.

**54**

## 3.5 - Statistik

Es ergeben sich damit insgesamt die folgenden Wahrscheinlichkeiten für die Häufigkeitsverteilungen von sonnenähnlichen Sternsystemen mit habitablen Planeten:

| Symbol | Rate | Faktor | Bezeichnung |
| --- | --- | --- | --- |
| | | | |
| $F_s$ | 7:25 | 0,28 | sonnenähnliche Sterne |
| $F_p$ | 1:70 | 0,014.285 | Sterne mit Planeten |
| $F_{pMax}$ | 11:50 | 0,22 | |
| $F_h$ | 1:60 | 0,016.666 | Planeten in habitablen Zonen |
| $F_g$ | 100:277 | 0,361 | etwa erdgroße Planeten |
| $F_g$ | 10:31 – 22:53 | | |
| $F_a$ | 100:311 | 0,321.543 | entfernt erdähnliche Planeten |
| $F_a$ | 4:21 – 2:5 | | |
| $F_e$ | 1:100 – 1:10 | 0,01-0,1 | erdähnliche Planeten |

| Symbol | Rate | Faktor | Bezeichnung |
| --- | --- | --- | --- |
| $F_{sph}$ | 1:15.000 | 0,000.066 | Habitable Zone um G-Stern |
| $F_{gae}$ | 1:861 – 1:86 | 0,00116-0,0116 | Erdähnlichkeit |

Statistisch gesehen benötigte man etwa **zehn** „Erden 2" um **signifikante** Wahrscheinlichkeiten zu erhalten.
Dazu müsste die 90-fache bis 900-fache Menge an Sternen untersucht werden, die durch den Keplersatelliten bisher erfasst worden sind.

2013 wurden mit dem Keplerteleskop 150.000 Sternsysteme untersucht. Statistisch gesehen ist das eine Datenpopulation, die groß genug ist, um signifikante Zahlen zu erhalten.
Es darf angenommen werden, dass bei weiteren Untersuchungen mit größeren Populationen und erweiterten Messmethoden, die ermittelten Wahrscheinlichkeiten (bis auf $F_p$ und $F_e$) **für sonnenähnliche Systeme** sich nur noch geringfügig ändern werden.

Bei genügender Signifikanz der Daten wandeln sich die Wahrscheinlichkeitsfaktoren zu einfachen Verteilungs- bzw. Häufigkeitswerten und damit **wird das Wahrscheinlichkeitsmodell zum einfachen Verteilungsmodell**.

# 4 – Belebte Planeten in unserer Galaxie

## 4.1 - Planetare Voraussetzungen für Leben

Im vorherigen Kapitel konnte geklärt werden, wie viele erdähnliche Planeten existieren, die eine Grundlage für Leben bieten könnten.
Die Voraussetzungen für Leben ist das Vorhandensein von **Grundbaustoffen**, wie Kohlenstoff, Stickstoff, Sauerstoff, Schwefel, Phosphate und Spurenelemente und natürlich Wasser.

**4.1.1 Axiom**    Wenn im Universum die Grundbaustoffe und geeignete Reaktionsumgebungen vorhanden sind, dann entstehen dort auch die Grundbausteine des Lebens, wie z.B. Aminosäuren.

**4.1.2 Axiom**    Die Grundbausteine des Lebens werden, bei geeigneten Bedingungen, überall im Universum erzeugt.

Damit Leben auf einem Planeten entstehen und sich entwickeln kann bedarf es gewisser Vorraussetzungen, die sich in vier Kategorien einteilen lassen: die kosmischen, globalen, molekularen und Lebensvoraussetzungen.

**Kosmische planetare Voraussetzungen für Leben sind:**

**1)  Stabile Umlaufbahn (in habitabler Zone)**

Eine stabile Umlaufbahn [26] in der **habitablen** Zone [20] ist notwendig damit sich Temperaturverhältnisse ergeben, die für Leben geeignet sind. Ferner muss die Umlaufbahn über eine gewisse zeitliche Stabilität verfügen, da sich sonst Klima und Wetterverhältnisse zu drastisch ändern würden.

Schon kleine Veränderungen in der Umlaufbahn erzeugen langperiodische klimatische Wechsel, in deren Folge immer wieder Eiszeiten auftreten können.

Der Abstand des Planeten muss in der Art und Weise geregelt sein, dass Gravitation und Größe des Planeten so dimensioniert sind, dass sich erstens eine stabile Atmosphäre entwickeln kann und zweitens, dass der Tripelpunkt des Wassers stabil ist. Das ist ein fixer Bereich zwischen fest, flüssig oder gasförmig, der sich aus Abstand, Gravitation (Masse der Planeten zueinander), sowie durch Zentrifugal- und Zentripetalkräfte ergibt.

## 2) Stabile Rotationsachse

Eine **stabile Rotationsachse** [45] ist notwendig, um geregelte und stabile Jahreszeiten zu erhalten. Wobei die Neigung dieser Achse die Jahreszeiten bestimmt. [46]

Die Neigung der Achse sollte nicht zu groß sein und die Präzession [47] sollte auch nicht zu groß ausfallen, um größere Klima- und Wetterwechsel zu vermeiden.

Ebenso sollte die Dauer der Präzession nicht zu kurz sein. Die Neigung der Erdachse beträgt **23,44°** gegenüber der Erdumlaufbahn und die Präzession beträgt **25.800 Jahre**.

Der **Mond** [48] hat, außer zur Stabilisierung der Rotationsachse, über die Gezeiten der Ozeane ebenfalls Einfluss auf die Erde und damit auch auf Klima und Wetter.

Der Mond hat einen Durchmesser von **3.476 km** und ist **384.400 km** von der Erde entfernt. Nach einem siderischen Monat (27,32 Tage) nimmt der Mond wieder die gleiche Stellung zu den Fixsternen ein. Da er sich dabei auch einmal um sich selbst dreht, kehrt er der Erde immer dieselbe Seite zu.

Für eine **stabile** Rotationsachse gibt es folgende Möglichkeiten:

a) ein oder mehrere Monde sind vorhanden
b) ein Zwei-Planetensystem
c) als Mond eines wesentlich größeren Planeten

## 3) Stabiles Magnetfeld, elektrisches Feld (Triggersignale, Vulkanismus)

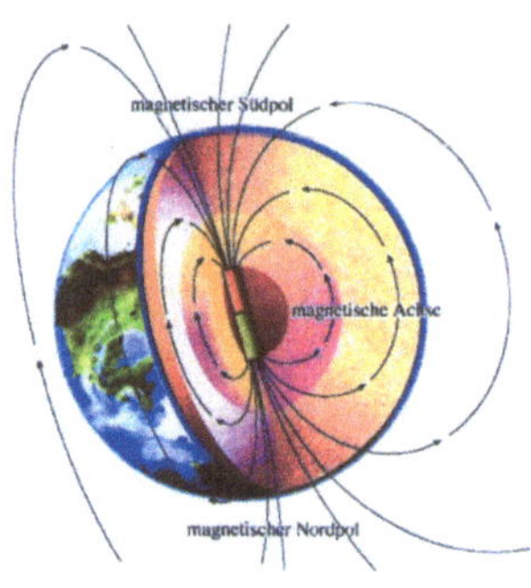


Ein (elektro)**magnetisches Feld**, [49] dass über eine gewisse zeitliche Stabilität verfügt, um einen Planeten ist zwingend, um selektiv vor kosmischer Strahlung und / oder Sonnenwind zu schützen.

Es werden nur definierte Anteile des Partikelstroms aus geladenen Teilchen solaren Ursprungs (sowie Anteile des Lichts von IR, über sichtbar, bis UV) hindurch gelassen. Das sind die „Solarfrequenzen". Für diese spezifischen Frequenzen existieren definierte Atmosphärenfenster. [50]

Das Magnetfeld der Erde wird durch rotierende Magmamassen im Inneren des Planeten erzeugt. Das ist mit ein Grund, warum gleichzeitig Vulkanismus und auch Plattentektonik vorkommen, welche bei der Gestaltung des Lebens eine wichtige Rolle spielen. Dieses magnetische Feld enthält die „Geomagnetfrequenzen" (11,79 Hz). [51]

Ein weiteres essentiell lebensnotwendiges Triggersignal ist die „Schumann-Frequenz" (7,83 Hz). [52] Die Schumann-Frequenz entsteht dadurch, dass sich zwischen Ionosphäre und Erdoberfläche eine stehende Welle mit einer Hohlraum-Resonator-Frequenz ausbildet. [53] Die Frequenz ist eine Konsequenz aus dem Abstand Ionosphäre-Erdoberfläche und Umfang. Insofern ist eine stabile Ionosphäre sogar eine Voraussetzung und die Schumann-Frequenz eine Folge daraus. Diese „Geomagnetfrequenzen" sind in Verbindung mit den „Schumann"- und „Solarfrequenzen" essentielle Signale, damit sich so eine hochkomplexe Struktur wie die der Erbsubstanz als „Blaupause" und der Aufbau von hochspezifischen Organen, Enzymen, Proteinen und vor allem Nerven eindeutig und einwandfrei geleistet werden und die Funktion aller Teile und Elemente miteinander einwandfrei funktionieren kann. [51]

Diese Signale sind für die Entwicklung von Lebewesen zur Synchronisation aller Struktur gebenden, organischen, nervalen und mentalen Prozesse erforderlich. Insgesamt wird daher ein elektromagnetisches Feld benötigt, das über eine gewisse zeitliche Stabilität verfügt. Daraus folgt: der Geodynamo muss über Milliarden von Jahren aktiv bleiben.

Ein Beispiel, wenn der Geodynamo frühzeitig zum Stillstand kommt, ist der Mars. Einst erdähnlich mit Kontinenten, Ozeanen und Atmosphäre wurde daraus, durch das Ausfallen des Geodynamos und damit des Magnetfeldes, ein trockener ausgedörrter Planet.

## Globale planetare Voraussetzungen für Leben sind:

### 4) Stabile Atmosphäre (Licht, Abschirmung UV-Strahlung, Klima, Wetter)

Eine **stabile Atmosphäre** [54] ist notwendig, um vor UV-Strahlung und kleineren Asteroiden oder Kometen zu schützen.

Außerdem wird durch die Atmosphäre eine bessere Lichtverteilung erreicht.

Zusätzlich bedingt die Atmosphäre auch Klima und das Wetter. [55] Eine langzeitlich stabile Atmosphäre, mit den dazu gehörigen Klimasystemen, verhindert einen irreversiblen Treibhauseffekt [56], wie er auf der Venus aufgetreten ist. Eine Atmosphäre wird ebenfalls gebraucht, damit sich Pflanzen und Lebewesen entwickeln können.

### 5) Wasser (Ozeane, Wetter, Klima)

Wasser [57] wird zur Entstehung des Lebens benötigt und Lebewesen brauchen Wasser zum leben. Das Vorhandensein von Wasser bedingt in der Regel **Ozeane** [58] und diese haben wiederum Einfluss auf das Wetter und Klima des Planeten. Ozeane sind für einen Planeten nicht unbedingt erforderlich, während Wasser in jedem Fall gebraucht wird. Gesamt sind **71 %** der Erdoberfläche von Meeren d.h. den Ozeanen und deren Nebenmeeren bedeckt. Etwa **3 %** des auf der Erde vorhandenen Wassers ist Süßwasser. Das meiste davon als gefrorenes Eis an den Polen. Als Trinkwasser können nur etwa **0,03 %** des weltweiten Wasservorkommens genutzt werden.

## 6) Kontinente (Pflanzen, Klima, Wetter)

Durch rotierende Magmamassen im Inneren des Planeten werden Vulkanismus [59] sowie Plattentektonik [60] erzeugt.

Daraus entstehen die **Kontinente.** [61]

Kontinente werden benötigt, damit sich Pflanzen und Lebewesen entfalten können. Die Wanderung der Kontinente verändert Fauna und Flora. Gerade an den Plattenrändern kann es zu vulkanischen Tätigkeiten kommen. Außerdem haben Kontinente Einfluss auf Klima und Wetter.

## Molekulare planetare Voraussetzungen für Leben sind:

## 7) Grundbaustoffe (chemische Elemente)

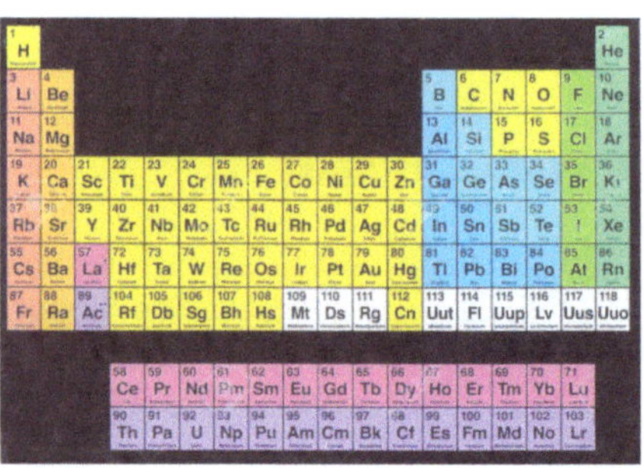

Es sind eine Reihe von **chemischen Elementen** [62] und deren Verbindungen wie Salze [63] und Minerale [64] erforderlich, um als Basis für Leben dienen zu können. Auf der Erde existieren **4603** Minerale.

## 8)  Grundbausteine des Lebens (Aminosäuren)

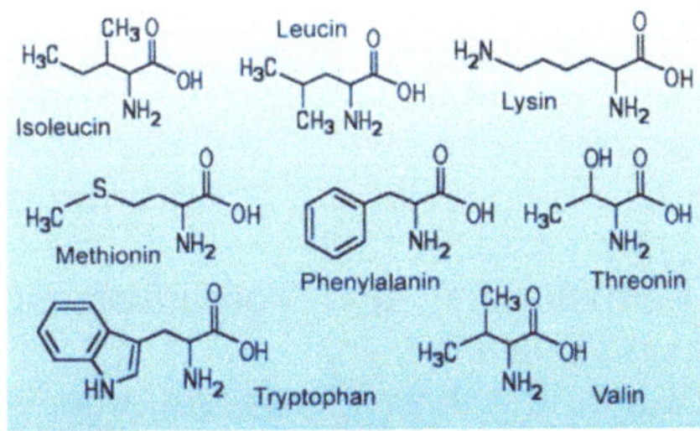


Die eigentlichen Bausteine des Lebens sind die **Aminosäuren**. [65] Diese und auch andere organische Verbindungen [66] müssen vorhanden sein damit sich Leben entwickeln kann.
Es existieren **21** Aminosäuren. Vier davon, werden in der **DNS** [67] verwendet, nämlich Adenin, Cytosin, Guanin und Thymin.

## 4.2 - Der Lebensfaktor

Die bisher beschriebenen Voraussetzungen für Leben sind absolut erforderlich. Fehlt eine Komponente ist Leben nicht möglich. Diese Faktoren stellen quasi die Hardware dar, auf der Leben basiert.

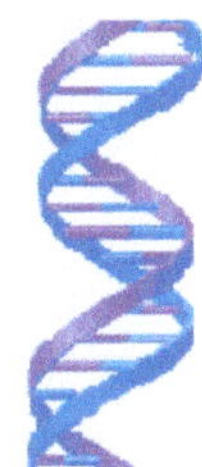

Die Bausteine des Lebens, also die Aminosäuren, bilden von sich aus keine DNS. [67]
Es muss daher noch ein Faktor bzw. ein Prozess oder ein Ereignis vorhanden gewesen sein, dass aus den einzelnen, zufällig verteilten Aminosäuren den geordneten und replizierfähigen DNS-Strang hervorbrachte.
Das können äußere Einflüsse wie spezifische Umweltbedingungen sein oder auch eine Einbringung von außen (Panspermie).

Der Faktor der die DNS hervorbrachte kann als **Strukturfaktor $f_S$** bezeichnet werden.

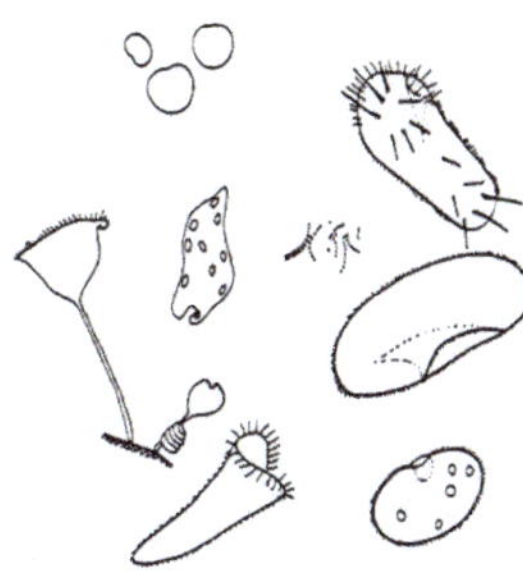

Dann bedarf es eines weiteren Faktors bzw. Prozesses oder einem Ereignis, dass aus der DNS eine komplette Zelle entstehen lässt. [68]
Zu einer Zelle gehören ja noch die Hülle und weitere Strukturen wie Chromosomen, RNS und zusätzliche Aminosäuren und Enzyme.
Auch hier können äußere Einflüsse wie spezifische Umweltbedingungen gegeben sein ebenso wie Mutation und Symbiose oder

auch eine Einbringung von außen (Panspermie).
Der Faktor der lebende Zellen hervorbringt wird deshalb als **"Zellfaktor" $f_Z$** bezeichnet.

Wo Leben entsteht, da geschieht Evolution. Laut der Konvergenztheorie ist die Entwicklung zu Komplexität **ein Programmteil innerhalb der Evolution**. (siehe dazu Kapitel 13.2)
Größere und komplexe Lebensformen sind Voraussetzung für die Erntwicklung zu Intelligenz und Bewusstsein.
Da Lebensformen der Evolution und ihren Gesetzen unterliegen bestimmt ihre Entwicklung vielfältige Einflüsse. Äußere Einflüsse sind Änderungen der Umweltbedingungen  Äußere Einflüsse können direkt oder über die Epigenetik für Veränderungen von Arten führen.
Mutationen stellen einen weiteren Einflussfaktor dar.
Da Evolution auf einer gewissen Zufälligkeit beruht lässt sich hier der **Evolutionsfaktor $f_E$** einführen, der für die Wahrscheinlichkeit zu einer beständigen und komplexeren Evolution steht.

Alle drei Faktoren ergeben zusammen den **"Lebensfaktor" $f_L$** der bewirkt das alle Komponenten eine lebende Zelle mit all ihren Prozessen ergeben und sich daraus komplexes Leben entwickelt. Der Lebensfaktor ist dann die Software die benötigt wird um das Leben in Gang zu bringen und zu halten.

### 4.2.1 Definition $\qquad f_L = f_S \cdot f_Z \cdot f_E$

$f_L$ = Lebensfaktor
$f_S$ = Strukturfaktor
$f_Z$ = Zellfaktor
$f_E$ = Evolutionsfaktor

Durch die Einführung des Lebensfaktors kann noch berücksichtigt werden, dass außer der Entstehung des Lebens auf der Erde auch die Einführung durch außerirdische Quellen, also **Panspermie**, möglich ist.
Durch Einführung des Lebensfaktors wird es unerheblich ob das Leben auf der Erde selbst entstanden ist oder erst durch äußere Einflüsse hierher gebracht worden ist.
Insgesamt ergibt sich damit, dass die Hardware und die Software des Lebens nötig sind um Leben und dessen Evolution auf einem Planeten zu ermöglichen. Daher lässt sich jetzt folgendes Axiom aufstellen:

### 4.2.2 Axiom

Sind auf einem Planeten die planetaren Voraussetzungen für Leben vorgegeben, dann entwickelt sich dort auch Leben.

## 4.3 - Differenzierung für Leben

Es lässt sich noch eine Verfeinerung und Verallgemeinerung bei der **Wahrscheinlichkeit für Leben** vornehmen.

Leben ist von **n** planetaren Voraussetzungen abhängig, d.h. sie bilden die Menge **N** der **Lebensvoraussetzungen.**

Dann trägt jedes Element einen Beitrag zur Gesamtwahrscheinlichkeit bei. Dieser Teil beträgt:

**4.3.1 Gleichung**
$$f_j = \frac{1}{n(n+1)}$$

Es ist: **0 < j < n+1**
Es gilt dann für die **Gesamtwahrscheinlichkeit für Leben**:

**4.3.2 Gleichung**
$$F_L = \sum_{j=1}^{n} f_j = \frac{1}{n+1}$$

Eine Differenzierung der einzelnen Anteile erhält man dadurch, dass man die einzelnen Elemente **gewichtet**:

**4.3.3 Gleichung**
$$a_j \cdot f_j = \frac{a_j}{n(n+1)}$$

Dann ergibt sich für die Wahrscheinlichkeit von Leben:

**4.3.4 Gleichung**

$$F_L = \sum_{j=1}^{n} a_j f_j$$

Insgesamt ergibt sich für die **Wahrscheinlichkeit von Leben**:

**4.3.5 Gleichung**

$$F_L = \frac{1}{n(n+1)} \sum_{j=1}^{n} a_j$$

**Gleichung 4.3.5 ist der allgemeinste Ansatz der gemacht werden kann, für eine beliebige Menge N von Voraussetzungen für Leben, die in ihrer Einwirkung durch die $a_j$ noch gewichtet werden können.**

In einem **ersten Ansatz** wird davon ausgegangen, dass alle Teile gleichwertig wirken, somit die Gewichtungsfaktoren alle eins sind, also Gleichung 4.3.2 gilt:

**4.3.6 Ansatz**

**Die Gewichtungsfaktoren werden gleich eins gesetzt:**

$$a_1 = a_2 = \dots = a_j = \dots = a_n = 1$$

Hier sind **8** planetare Voraussetzungen und **1** Faktor für Leben gegeben, daher insgesamt **9** Komponenten die Leben ermöglichen.

Es gilt für die Einzelwahrscheinlichkeit: $f_j$ **= 1:90**

Daher können auch **9** Fehlschläge auftreten. Somit ist die Chance, dass Leben entsteht **1 zu 10**.
Das entspricht einem Anteil von **10%**.

Der Wahrscheinlichkeitsfaktor für Leben beträgt demnach:
$F_L$ **= 0,1 = 1:10**.

Dieser Ansatz wird in allen folgenden Betrachtungen als Grundlage der Berechnungen benutzt.

## 4.4 - „Erden 2" mit Leben

Es sind **9** Komponenten notwendig, damit Leben und dessen Evolution auf einem Planeten möglich werden kann und sich auch, mit all seinen Möglichkeiten, entwickeln kann. So können auch 9 Fehlschläge auftreten.

Somit ist die Chance, dass Leben entsteht 1 zu 10. Das entspricht einem Anteil von **10%**. Der Wahrscheinlichkeitsfaktor beträgt demnach $F_L = 0,1 = 1:10$.

Weiterentwickelt aus Gleichung 3.1.1 ergibt sich für die Anzahl $N_{Le}$ belebter „Erden 2" in sonnenähnlichen Systemen:

**4.4.1 Gleichung**

$$N_{Le} = N_{he} \cdot F_L$$
$$N_{Le} = A \cdot F_{sph} \cdot F_{gae} \cdot F_L$$
$$N_{Le} = A \cdot F_s \cdot F_p \cdot F_h \cdot F_g \cdot F_a \cdot F_e \cdot F_L$$

Da für $F_e$ bzw. $F_{gae}$ zwei Werte existieren, lässt sich auch hier wieder eine Minimal-Maximal Aussage generieren:

Einsetzen aller Werte ($F_e = 0,1$) in die Gleichung 4.4.1 liefert:

$N_{Le1} = (100\text{-}300) \cdot 10^9 \cdot 1{:}15.000 \cdot 1{:}86 \cdot 1{:}10$
$N_{Le1} = \textbf{7.752 – 23.256}$   **habitable „Erden 2" mit Leben**

Einsetzen aller Werte ($F_e = 0,01$) in die Gleichung 4.4.1 liefert:

$N_{Le2} = (100\text{-}300) \cdot 10^9 \cdot 1{:}15.000 \cdot 1{:}861 \cdot 1{:}100$
$N_{Le2} = \textbf{775 – 2.325}$   **habitable „Erden 2" mit Leben**

Die beiden Ergebnisse lassen sich dann zusammenfassen, zu folgender Aussage:

**4.4.2 Satz**  **Die Anzahl der sonnenähnlichen Sternsysteme, mit einer habitablen „Erde 2", in der Galaxie, die Leben tragen könnten, ergibt sich wahrscheinlich zu 775 bis 23.256.**

Die Wahrscheinlichkeit für eine „Erde 2" mit Leben, in einem sonnenähnlichen Sternsystem, in unserer Galaxie, beträgt dann:

**4.4.3 Definition**

$$F_{Le} = F_{sph} \cdot F_{gae} \cdot F_L$$
$$F_{Le} = F_s \cdot F_p \cdot F_h \cdot F_g \cdot F_a \cdot F_e \cdot F_L$$

$$F_{Le} = F_{sph} \cdot F_{gae} \cdot F_L$$
$$F_{Le} = 1{:}15.000 \cdot (1{:}86 - 1{:}861) \cdot 1{:}10$$
$$F_{Le} = 1{:}12.900.000 - 129.000.000$$

Nur jedes **12,9 – 129 Millionste** Sternsystem besitzt dann einen wirklich erdähnlichen, belebten Planeten.


## 4.4.4 Maximalbetrachtung

Wenn **22%** der sonnenähnlichen Sterne, nach Erik Petigura, Planeten besitzen, dann ergibt es das **15**-fache des Wertes der aus dem bisherigen Modell abgeleitet wurde.
Also können auch „Erden 2" mit Leben 15 mal öfter vorkommen, als aus dem Modell (Gleichung 4.4.1) abgeleitet. Es ergeben sich so **11.625** bis **348.840** G-Sternsysteme mit erdähnlichen, belebten Planeten.

Wenn maximal **22%** der sonnenähnlichen Sterne, nach Erik Petigura, erdähnliche Planeten in einer habitablen Zone besitzen, ergibt es das **2.520**-fache des Wertes der aus dem bisherigen Modell abgeleitet wurde. Das sind **1.953** bis **58,605 Millionen** „Erden 2" mit Leben die man als **potentiell bewohnbar** bezeichnen könnte und das ist weit entfernt von den was in der Presse propagiert wird.

# 5 – Intelligente Spezies in unserer Galaxie

## 5.1 - Globale Katastrophen

Um heutzutage abschätzen zu können, welche Chancen eine Spezies hätte, um sich bis zu einer Zivilisation entwickeln zu können, steht uns nur die Erde zur Verfügung. Daher wird in diesem Kapitel die Entwicklung auf diesem Planeten betrachtet, um eine Einschätzung der Wahrscheinlichkeiten formulieren zu können.

1) Vor cirka 2,4 Milliarden Jahren ereignete sich die „Große Sauerstoffkatastrophe", die durch Cyanobakterien verursacht wurde. Das Erscheinen freien Sauerstoffs in den Gewässern der Erde und der Erdatmosphäre war für die damaligen anaeroben Lebewesen giftig. Die meisten anaeroben Lebewesen wurden dabei ausgelöscht. [69]
Die heutige, teilweise noch kontrovers diskutierte, Endosymbiontentheorie besagt, dass eine Phase erfolgte in der Einzeller (Prokaryoten), die den atmosphärischen Wandel überstanden hatten, sich bis zur heutigen Zellstruktur entwickeln konnten. Dies gelang – so die Theorie – in dem sie sich bei den sich entwickelnden Mehrzellern (Eukaryoten) inkorporierten. Das „Wie" ist nicht beschrieben! Diese Zellformation stellt heute das uns bekannte Zellsystem dar, als Zelle mit Zellkern mit DNS und inkorporiertem Mitochondrium (Einzeller) mit eigener Zell-DNS, mit dem sie in Symbiose lebt und sich durch Zellteilung vermehrt. Das bedeutet, jede unserer Körperzellen ist ein Symbiont aus „urgeschichtlicher Entwicklung". Also ein Einzeller im Mehrzeller. Beide „Energiegewinnungssysteme" (ATP, NADP+/NADPH) [Otto Warburg, 1931] sind miteinander verflochten und haben in Teilen ihre Fähigkeit behalten autonom arbeiten zu können. [70]
2) Vor etwa 1 Milliarde Jahren entstand der „Schneeball-Erde", das ist eine hypothetische Vereisung des gesamten Planeten während der Erdurzeit im **Neoproterozoikum**. [71]
Dies bedingte die Entstehung der Eukaryoten, vielzelliger Organismen und der sexuellen Fortpflanzung. [72]
3) Vor cirka 485 Millionen Jahren am Ende des **Kambriums** [73] starben rund 80 % aller Tier- und Pflanzenarten aus, darunter die Trilobiten (Dreilappkrebse), aber auch Conodonten oder Brachiopoden (Armfüßer). Auslöser waren vermutlich ein Klimawandel und/oder Meeresspiegelschwankungen. [74]
4) Vor cirka 444 Millionen Jahren – im oberen **Ordovizium** [75]

– kam es zu einem Massenaussterben, welches 50 % aller Arten betraf. Es verschwanden u.a. viele Brachiopoden. Dieses Aussterbeereignis wird mit den Folgewirkungen der Strahlung einer wahrscheinlich erdnahen Supernova in Verbindung gebracht. [76]

5) Vor etwa 360 Millionen Jahren, im oberen **Devon,** [77] starben erneut 50 % aller Arten, weil der Sauerstoffgehalt im Wasser sank. Es überlebten nur Tiere, die sich anpassen oder auch Sauerstoff außerhalb des Wassers aufnehmen konnten. Die Zeit der Amphibien war angebrochen. [74]

6) Vor cirka 252 Millionen Jahren an der **Perm-Trias-Grenze** [78] starben 95 % aller meeresbewohnenden Arten sowie ca. 66 % aller landbewohnenden Arten (Reptilien- und Amphibienarten) aus. Auch ein Drittel aller Insektenarten starb aus, das einzige bekannte Massenaussterben von Insekten in der Erdgeschichte. Es begann dann das Zeitalter der Therapsiden. Das sind säugetierähnliche Reptilien.
Die meisten Wissenschaftler machen heute einen ausgedehnten Flutbasalt (Trapp), der sich bei Vulkanausbrüchen bildet, dafür verantwortlich – den „sibirischen Trapp". [79]

7) Vor cirka 200 Millionen Jahren, am Ende der **Trias,** [80] starben 50 bis 80 % aller Arten aus, u.a. fast alle Landwirbeltiere. Es folgte das Zeitalter der Dinosaurier.
Es werden Magmafreisetzungen, vor dem Auseinanderbrechen des Pangea-Kontinentes vermutet, bzw. die Vergiftung der flachen, warmen Randmeere durch große Mengen von Schwefelwasserstoff, nachdem gewaltige Vulkanausbrüche große Mengen an Kohlendioxid und Schwefeldioxid freigesetzt hatten. [74]

8) Vor etwa 66 Millionen Jahren an der **Kreide-Tertiär-Grenze** [81] (gleichzeitig Übergang vom Erdmittelalter zur Erdneuzeit) starben rund 50 % aller Tierarten aus, darunter mit Ausnahme der Vögel auch die Dinosaurier. Es begann das Zeitalter der Säugetiere. Als Ursache gilt der Einschlag eines Meteoriten. [74]

9) Vor etwa 33,9 Millionen Jahren fand im Rahmen der so genannten *„Grande Coupure"* eine Abkühlung des globalen Klimas statt, der sich an der Wende **Eozän/Oligozän** [82] [83] (Grenze **Priabonium/Rupelium**) ereignete. [84] [85]
Mit damit verbundenem Artensterben und einer Veränderung der Fauna, dem ein Großteil der damaligen Primaten (Herrentiere), Palaeotherien (frühe Pferde), Creodonta (Urraubtiere) und andere Tiergruppen zum Opfer fielen. [86]

10) Vor cirka 74.000 bis 75.000 Jahren entstand ein **geneti-**

**scher Flaschenhals** bei der Menschheit.
Als eine mögliche Ursache wird die Toba-Katastrophentheorie diskutiert, durch welche die Menschheit auf ein paar tausend Menschen reduziert wurde, als der Toba-Vulkan auf Sumatra (Indonesien) ausbrach. [87]

11) Vor cirka 13.000 Jahren, seit dem Ende des oberen **Pleistozän**, [88] teilweise auch noch im **Holozän**, [89] starb im Verlauf einer Quartären Aussterbewelle der Großteil der Megafauna Amerikas, Eurasiens und Australiens aus.
Es gibt Hinweise auf den Einschlag eines Meteoriten, (oder Teil eines Kometen), der vor etwa 13.000 Jahren die Großsäuger reduzierte. [74]

Das sind zusammen elf große, bekannte Ereignisse, bei denen auch die gesamte Biosphäre der Erde hätte vernichtet werden können. Insofern kann man die Ursachen für diese Ereignisse als **planetare Entwicklungsgefahren** einstufen.
Wo Leben entsteht, da geschieht Evolution. Laut der Konvergenztheorie ist die Entwicklung zu Komplexität und Intelligenz **ein Programmteil innerhalb der Evolution**. (siehe dazu Kapitel 13.2)
Wenn Leben also Zeit genug hat dann entwickelt sich auch Intelligenz. Was nur durch die planetaren Entwicklungsgefahren verhindert werden kann.


## 5.2 - Planetare Entwicklungsgefahren

Nimmt man diese Ereignisse bzw. deren Ursachen als Grundlage und fragt sich dann weiter, welche kosmischen und planetaren Gefahrenquellen in Betracht kommen, so ergibt sich eine ganze Liste von Möglichkeiten:

1 **Kosmische Strahlung**
2 **Gammablitz**
3 **Supernova**
4 **Sonneneruption**
5 **Asteroideneinschlag, Kometeneinschlag**
6 **Geisterplaneten, vagabundierende Sterne**
7 **Eisplanet (Schneeball Erde)**
8 **Klimawandel**
9 **Atmosphärenwandel**
10 **Wandel des Meeresspiegels**
11 **Vulkanismus, Supervulkan**

**Kosmische Strahlungsgefahren sind:**

## 1) Kosmische Strahlung

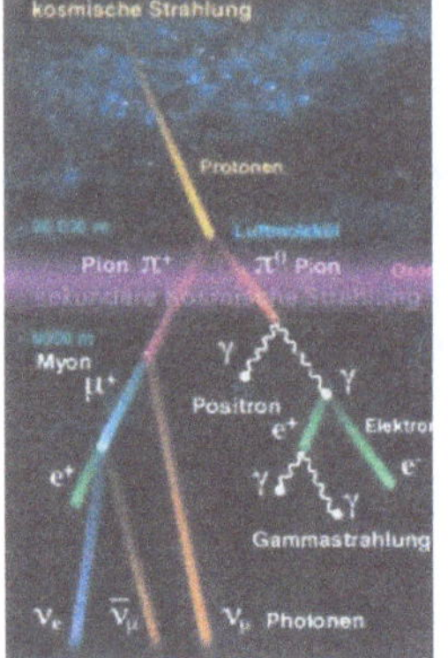


Die **kosmische Strahlung** ist eine hochenergetische Teilchenstrahlung, die von der Sonne, der Milchstraße und von fernen Galaxien kommt.

Sie besteht vorwiegend aus Protonen, sowie aus Elektronen und vollständig ionisierten Atomen.

Auf die äußere Erdatmosphäre treffen etwa 1000 Teilchen pro Quadratmeter und Sekunde. Durch Wechselwirkungen mit den Gasmolekülen entstehen Teilchenschauer. [90]

## 2) Gamma-Blitz

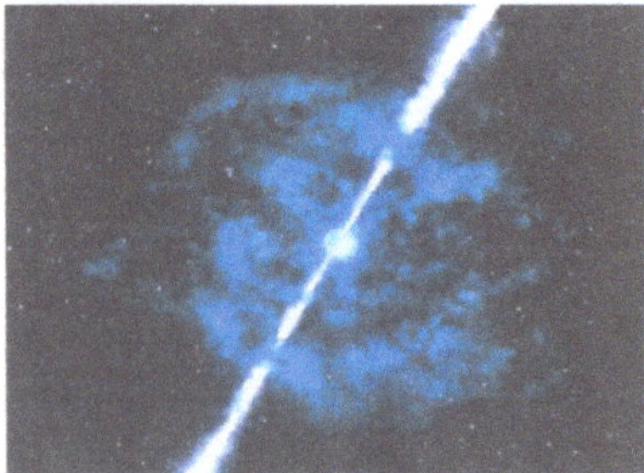

**Gammablitze** sind Energieausbrüche sehr hoher Leistung im Universum.

Es gehen große Mengen von elektromagnetischer Strahlung von ihnen aus.

Die Explosionen von Supernovae sind eine mögliche Ursache für Gammablitze. [91]

## 3) Supernova

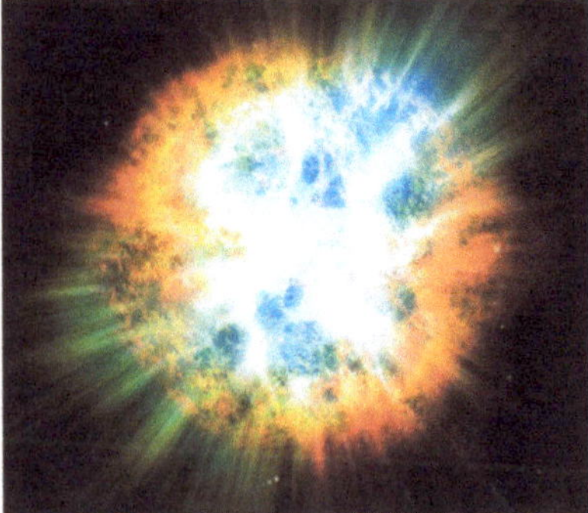

Eine **Supernova** ist das kurzzeitige und helle Aufleuchten einer massereichen Sonne, am Ende ihrer Lebenszeit.

Ursache ist die Explosion der Sonne. Dabei wird der ursprüngliche Stern vernichtet. Für kurze Zeit wird die Leuchtkraft des Sterns hell wie eine ganze Galaxie. [76]

## 4) Sonneneruption

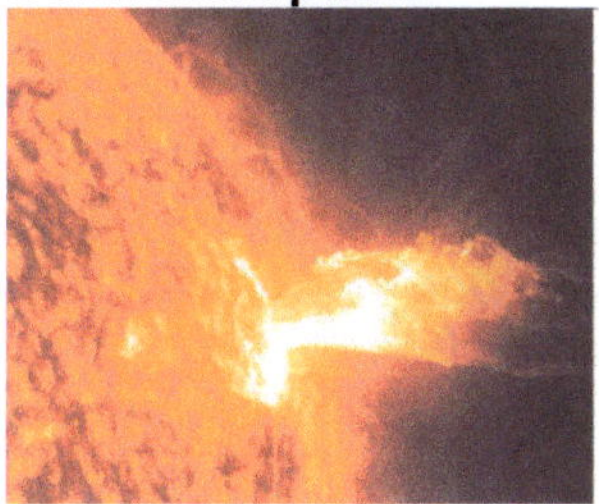

Eine **Sonneneruption** ist ein Gebilde erhöhter Strahlung innerhalb der Chromosphäre der Sonne, dass durch Magnetfeldenergie gespeist wird. Es kann zu erhöhten Masseausstoßen kommen, auch als koronaler Massenauswurf bezeichnet. [92]

## Kosmische Objekte die Gefahren sind:

## 5) Asteroideneinschlag

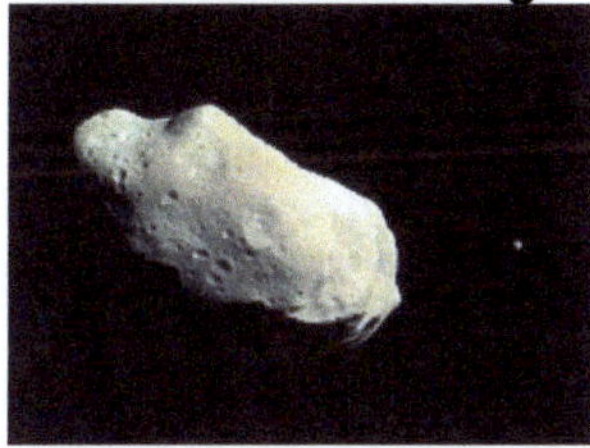

Als **Asteroiden** werden astronomische Kleinkörper bezeichnet, die sich auf sogenannten keplerschen Umlaufbahnen um die Sonne bewegen.
Bislang sind 742.836 Asteroiden im Sonnensystem bekannt. [93]

## Kometeneinschlag

**Kometen** [94] sind wie Asteroiden Überreste der Entstehung des Sonnensystems. Sie bestehen hauptsächlich aus Eis, Staub sowie lockerem Gestein.
Sie bildeten sich in den äußeren, kalten Bereichen des Sonnensystems, in der sogenannten *Oortschen Wolke*. [95]

## 6) Geisterplaneten, vagabundierende Sterne

**Geisterplaneten** sind freie Planeten in der Galaxie, ohne Bindung an ein Sonnensystem. [96] Es kommen noch **vagabundierende Sterne** hinzu, wie etwa braune Zwerge, Pulsare, Neutronensterne, Magnetare und schwarze Löcher. Es soll mehrere hundert freie schwarze Löcher in unserer Galaxie geben.

**Globale Gefahren sind:**

### 7) Eisplanet (Schneeball Erde)

Der **Schneeball Erde** bedeutet, dass bei einer Eiszeit Gletscher von den Polen bis zum Äquator vorstoßen.
Das Meer ist dann weitgehend zugefroren und somit die gesamte Erdoberfläche von Eis bedeckt. Dies soll vor 580 Millionen Jahren schon einmal der Fall gewesen sein. [97]

### 8) Klimawandel

Als **Klimawandel** bezeichnet man die Veränderung des Klimas auf der Erde unabhängig davon, ob die Ursachen auf natürlicher oder doch auf menschlicher (anthropogener) Aktivität be -ruhen.
Eine Veränderung des Klima tritt zur Zeit durch die anhaltende Erderwärmung, dem Treibhauseffekt, auf. Verursacher des Treibhauseffekts sind, u.a. Kohlenstoffdioxid, Methan, Ozon, Fluorchlorkohlenwasserstoffe, Schwefeldioxid und Stickstoffverbindungen. [98]

### 9) Atmosphärenwandel

Die **Atmosphäre** ist die gasförmige Hülle der Erde. Sie besitzt einen hohen Anteil an Stickstoff, Sauerstoff und einen geringen Anteil an Argon. [54]

### 10) Wandel des Meeresspiegels

Der **Meeresspiegel** stellt das Höhenniveau an der Meeresoberfläche dar.
Er entspricht angenähert einer Äquipotentialfläche des Erdschwerefeldes. [99]

## 11) Vulkanismus

Unter **Vulkanismus** versteht man diejenigen geologischen Vorgänge, Erscheinungen und Phänomene, die mit Vulkanen in Zusammenhang stehen. [59]

## Supervulkan

**Supervulkane** bauen, wegen der Größe ihrer Magmakammer, bei Ausbrüchen keine Vulkankegel auf, sondern hinterlassen riesige Calderen (Krater) im Boden. [100]

Das sind also insgesamt **11** Möglichkeiten, die als planetare Gefahrenquellen in Betracht kommen und das Potenzial besitzen, die gesamte Biosphäre eines Planeten vernichten zu können und damit auch die Entwicklung von Intelligenz und Bewusstsein zu verhindern.

## 5.3 - Der Bewusstseinsfaktor

Wenn Leben Zeit genug hat, also von den planetaren Entwicklungsgefahren verschont bleibt, dann entwickelt sich auch Intelligenz. (siehe dazu Kapitel 13.2) Damit daraus auch Bewusstsein entsteht bedarf es eines weiteren Faktors.

Vögel und Affen benutzen Werkzeuge. Delphine, Wale, Affen, Wölfe etc. können koordiniert miteinander jagen. Delphine, Wale und Erdhörnchen benutzen ausgeprägte Sprachen.

Alles das sind Intelligenzleistungen, aber noch weit von Bewusstheit entfernt.

Es gibt ein paar Tiere die den Spiegeltest [101] bestehen, wie Delphine, Elefanten und Affen, also eine gewisse Selbsterkenntnis zeigen.

Aber auch hier fehlt der entscheidende Faktor des Ich-Bewusstseins, wie es dem Menschen gegeben ist und ihm möglich macht Zivilisationen zu errichten und Technologie zu entwickeln.

Es bedarf also eines Entwicklungsfaktors der Selbstbewusstsein entstehen lässt. Dieser Faktor wird deshalb als „**Bewusstseinsfaktor**" bezeichnet.

Für das vorliegende Modell ist es dabei unerheblich ob die Entwicklung des Bewusstseins durch die Genetik bedingt ist, Bestandteil der Evolution ist oder durch äußere Einflüsse (siehe die Epigenetik) oder Ereignisse hervor gerufen wurde.

Es existiert noch eine Entwicklungsgefahr die nicht äußerer Natur ist sondern der biologische Ebene entspringt. Das ist das Auftreten von Seuchen oder Pandemien, die eine Spezies bzw. eine Kultur oder gar eine ganze Zivilisation auslöschen können.

Als Beispiel diene hier die Vernichtung von 95% der indianischen Bevölkerung in Südamerika durch eingeschleppte Krankheiten der Europäer.

Diese Entwicklungsgefahr könnte daher als „biologischer Faktor" bezeichnet werden. Dieser Faktor ist aber bereits in $f_E$ dem „Evolutionsfaktor" enthalten, der die Lebensfähigkeit und -Beständigkeit gewährleistet und wird hier daher nicht weiter berücksichtigt.


## 5.4 - Differenzierung für Intelligenz

Es lässt sich noch eine Verfeinerung bei der **Wahrscheinlichkeit für Intelligenz** vornehmen.

Intelligenz ist von **k** Voraussetzungen abhängig, d.h. sie bilden die Menge **K** der **Voraussetzungen für Intelligenz** bzw. die Faktoren die auch Intelligenz verhindern können .

Dann trägt jedes Element einen Beitrag zur Gesamtwahrscheinlichkeit bei. Dieser Teil beträgt:


**5.4.1 Gleichung**

$$f_j = \frac{1}{k(k+1)}$$


Es ist: **0 < j < k+1**
Es gilt dann für die **Gesamtwahrscheinlichkeit für Intelligenz:**

**5.4.2 Gleichung**
$$F_i = \sum_{j=1}^{k} f_j = \frac{1}{k+1}$$

Eine Differenzierung der einzelnen Anteile erhält man dadurch, dass man die einzelnen Elemente **gewichtet**:

**5.4.3 Gleichung**
$$b_j \cdot f_j = \frac{b_j}{k(k+1)}$$

Dann ergibt sich für die Wahrscheinlichkeit von Intelligenz:

**5.4.4 Gleichung**
$$F_i = \sum_{j=1}^{k} b_j f_j$$

Insgesamt ergibt sich für die **Wahrscheinlichkeit von Intelligenz**:

**5.4.5 Gleichung**
$$\boxed{F_i = \frac{1}{k(k+1)} \sum_{j=1}^{k} b_j}$$

**Gleichung 5.4.5 ist der allgemeinste Ansatz der gemacht werden kann, für eine beliebige Menge K von Voraussetzungen für Intelligenz, die in ihrer Einwirkung durch die $b_j$ noch gewichtet werden können.**

In einem **ersten Ansatz** wird davon ausgegangen, dass alle Teile gleichwertig wirken, somit die Gewichtungsfaktoren alle eins sind, also Gleichung 5.4.2 gilt:

**5.3.6 Ansatz**       **Die Gewichtungsfaktoren werden gleich eins gesetzt:**
$$b_1 = b_2 = \ldots = b_j = \ldots = b_k = 1$$

Hier sind **11** Komponenten gegeben die Intelligenz bzw. Bewusstsein vereiteln können und **eine** Komponente die Bewusstsein möglich macht. Das sind zusammmen **12** Komponenten.
Es gilt für die Einzelwahrscheinlichkeit: $f_j = 1{:}156$

Daher können auch **12** Fehlschläge auftreten. Somit ist die Chance, dass Intelligenz entsteht **1 zu 13**.
Das entspricht einem Anteil von **7,69%**.

Der Wahrscheinlichkeitsfaktor für Intelligenz beträgt demnach:
$F_i$ = **0,076.923 = 1:13**.

Dieser Ansatz wird in allen folgenden Betrachtungen als Grundlage der Berechnungen benutzt.

## 5.5 - Intelligente Spezies auf einer „Erde 2"

Es sind **12** Ursachen aufgezählt, die Intelligenz auf der Erde global verhindern könnten.
Die Chance, dass eine Art entsteht und auch überlebt und sich entwickelt, beträgt daher 1 zu 13.

Nur jeder **13te** Planet, auf dem es Leben gibt, könnte eine **bewusstseinsfähige Spezies** hervorbringen. Das entspricht einem Anteil von **7,69%**. Der Wahrscheinlichkeits-faktor beträgt dann $F_i$ = **0,076.923 = 1:13**.
Sieht man die Sachlage eher konservativ, dann kämen auch nur Planeten, die Intelligenz tragen könnten, in Frage die einer „Erde 2" ähneln. Aus der Weiterentwickelung von Gleichung 4.3.1 für habitable Erden mit Leben, ergibt sich für die Anzahl belebter „Erden 2" mit einer intelligenten Spezies:

**5.5.1 Gleichung**

$$N_{ie} = N_{Le} \cdot F_i$$
$$N_{ie} = A \cdot F_{sph} \cdot F_{gae} \cdot F_L \cdot F_i$$
$$N_{ie} = A \cdot F_s \cdot F_p \cdot F_h \cdot F_g \cdot F_a \cdot F_e \cdot F_L \cdot F_i$$

Da für $F_e$ bzw. $F_{gae}$ zwei Werte existieren, lässt sich auch hier wieder eine Minimal-Maximal Aussage generieren:

Einsetzen aller Werte ($F_e$ = 0,1) in die Gleichung 5.5.1 liefert:

$N_{ie1} = (100\text{-}300){\cdot}10^9 \cdot 1{:}15.000 \cdot 1{:}86 \cdot 1{:}10 \cdot 1{:}13$

**$N_{ie1}$ = 596 – 1.789     „Erden 2" mit intelligentem Leben**

Einsetzen aller Werte ($F_e = 0{,}01$) in die Gleichung 5.4.1 liefert:

$N_{ie2} = (100\text{-}300){\cdot}10^9 \cdot 1{:}15.000 \cdot 1{:}861 \cdot 1{:}10 \cdot 1{:}13$

**$N_{ie2}$ = 60 – 179     „Erden 2" mit intelligentem Leben**

Die beiden Ergebnisse lassen sich dann zusammenfassen, zu folgender Aussage:

**5.5.2 Satz     Die Anzahl der sonnenähnlichen Sternsysteme, mit einer „Erde 2" in habitabler Zone, die eine Intelligente Spezies hervorgebracht haben, ergibt sich wahrscheinlich zwischen 60 und 1.789.**

Die Wahrscheinlichkeit für eine habitable „Erde 2", mit intelligentem Leben, in sonnenähnlichen Sternsystemen, in unserer Galaxie, beträgt sich dann zu:

**5.5.3 Definition     $F_{ie} = F_{sph} \cdot F_{gae} \cdot F_L \cdot F_i$**

$$F_{ie} = F_s{\cdot}F_p{\cdot}F_h{\cdot}F_g{\cdot}F_a{\cdot}F_e{\cdot}F_L{\cdot}F_i$$

$F_{ie} \quad = F_{sph} \cdot F_{gae} \cdot F_L \cdot F_i$

$F_{ie} \quad = 1{:}15.000 \cdot (1{:}86 - 1{:}861) \cdot 1{:}10 \cdot 1{:}13$

$F_{ie} \quad = 1{:}167.700.000 - 1{:}1.677.000.000$

Nur jedes **167,7 Millionste bis 1,677 Milliardste** Sternsystem besitzt eine „Erde 2", mit intelligentem Leben.


**5.5.4 Maximalbetrachtung**

**22%** der sonnenähnlichen Sterne besitzen, nach Erik Petigura, erdähnliche Planeten in einer habitablen Zone. Das ergibt das 15-fache des Wertes der aus dem bisherigen Modell abgeleitet wurde.
Also können auch „Erden 2" mit Intelligenz 15 mal öfter vorkommen, als aus dem Modell (Gleichung 5.5.1) abgeleitet. Es ergeben so **900** bis **26.835** G-Sternsysteme mit erdähnlichen, belebten Planeten die Intelligenz hervor gebracht haben.

# 6 – Zivilisationen in unserer Galaxie

## 6.1 - Entwicklungsstufen einer Zivilisation

Das Alter des Universums wird heute mit ca. 13,8 Milliarden Jahren angegeben. [1] Etwa 600 Millionen Jahre später entstand unsere Galaxie, die Milchstraße. Daher ist, nach heutigem Wissensstand, das Alter unserer Galaxie 13,21 Milliarden Jahre. [32] [103]
Es vergingen noch mal 8,7 Milliarden Jahre, bis sich unser Sonnensystem entwickeln konnte. Das Alter des Sonnensystems und der Erde beträgt demnach etwa 4,5 Milliarden Jahre. [104]
Bis zur Entstehung von Leben dauerte es dann noch mal etwa 500 Millionen Jahre. Die Entstehung von Leben auf der Erde liegt so etwa 4-5 Milliarden Jahre zurück. [105] [106]
Wenn „das Leben" etwa eine halbe Milliarde Jahre braucht, um sich auf einem Planeten zu entfalten, dann könnten die ersten Zivilisationen schon vor etwa 12,7 Milliarden Jahren in unserer Galaxie aufgetaucht sein. Seither könnten schon tausende von technologischen Zivilisationen entstanden und auch wieder vergangen sein. Es ist daher wahrscheinlich, dass auch heute eine hochtechnologische Zivilisationen in der Galaxis existieren, die schon seit mehreren hunderttausend Jahren bestehen. Wir wären daher noch Jugendliche, verglichen mit diesen anderen, älteren Zivilisationen.

Die Entwicklungsgeschichte einer intelligenten Spezies, von der Entstehung der Art, bis zur hochtechnologischen Zivilisation, lässt sich in folgende **Entwicklungsstufen** einteilen:

0) **Prähistorische Stufe** (Dauer 20 – 25 Millionen Jahre)
   Aufspaltung der Altweltaffen in Menschenartige und Meerkatzenverwandte vor rund 23 Millionen Jahren
   Aufspaltung der Menschenaffen und der Gibbons vor 15 Millionen Jahren
   Abtrennung der Schimpansen von den Hominini vor 5,2 Millionen Jahren
   Australopithecus vor 3,5 – 1,8 Millionen Jahren
   Aufrechter Gang

1) **Vorstufe** (Dauer 2,5 – 3,5 Millionen Jahre)
   2.5 – 1,5 Millionen Jahre – Homo rudolfensis, Homo habilis
   2 – 1,5 Millionen Jahre – Homo erectus
   Entstehung der Art, Steinzeit
   erste Steinwerkzeuge vor etwa 2,5 Millionen Jahren

2) **Entstehungsstufe** (Dauer 300.000 – 350.000 Jahre)
   Neandertaler 250.000 – 30.000 v. Chr.
   340.000 Jahre – ältester Fund Homo sapiens
   Entstehung der Art, Sammler und Jäger, Steinzeit

3) **Primitive Stufe** (Dauer 30.000 – 40.000 Jahre)
   Steinzeit, Kunstgegenstände, Ackerbau, Siedlungen
   Erste Megalithbauten - Göbekli Tepe - 9600 – 8000 v. Chr.

4) **Antike Stufe** (Dauer 5.000 – 6.000 Jahre)
   Bronzezeit, Eisenzeit, Metalle, Städte, Handel
   Megalithkultur 5.000 – 2.800 v.Chr.
   Stonehenge 3100 – 1600 v. Chr.
   Antike Völker – Sumerer, Ägypter, Hethiter, Kusch, Minoer,
   Babylonier, Griechen, Römer, Chinesen, Indianer, usw.

5) **Mittlere Stufe** (Dauer 1.300 – 1.500 Jahre)
   Buchdruck, Entwicklungen in Wissenschaft, Kunst, Medizin
   Endzeit Antike, Mittelalter, Anfang Renaissance

6) **Technologische Stufe** (Dauer 350 – 450 Jahre)
   Renaissance, Barock, Rokoko, Aufklärung
   Neuzeit, Moderne
   Physik, Chemie, Elektrotechnik, Luftfahrt, Raumfahrt

7) **Multiplanetare Stufe** (1969 – Mondlandung, 2009 – ISS)
   Postmoderne, Besiedlung des Sonnensystems

8) **Interstellare Stufe**
   Interstellare Raumfahrt in einer Galaxie

Denkbar wären noch weitere Entwicklungsstufen, wie etwa:

9) **Galaktische Stufe**
   Raumfahrt zwischen Galaxien

10) **Kosmische Stufe**
    Bereisen des Universums bzw. Multiversums

Es ist aber nicht zu entscheiden ob die Stufen 9 und 10 überhaupt möglich sind. Es ist auch davon auszugehen, dass eine derartige Entwicklungsstufe weit außerhalb unseres heutigen Begriffsvermögens liegen dürfte und wahrscheinlich auch sehr selten im Universum vorkommt, so dass hier nur mit Einzelfällen zu rechnen ist.

**Da die ersten acht Stufen eine logische Entwicklungskette bilden und mehr oder weniger empirisch belegt werden können, werden diese Stufen in den nächsten Betrachtungen als Grundlage dienen.**

Aus den Zeitdauern der menschlichen Entwicklungsstufen, also ab Stufe 2, lässt sich eine interessante Schlussfolgerung ableiten.
Dazu muss man zunächst die Zeitdauer einer Entwicklungsstufe als Funktion der Entwicklungsstufe darstellen.

| Empirisch | Stufe |
|---|---|
| 300.000 | 2 |
| 30.000-40.000 | 3 |
| 5.000-6.000 | 4 |
| 1.200-1.500 | 5 |
| 300-400 | 6 |
| Seit 50 Jahren | 7 |

Mit einem Tabellenprogramm (z.B. Excel) lässt sich eine Näherungsfunktion ermitteln. Es gilt daher näherungsweise für die **Zeitdauer einer Entwicklungsstufe:**

**6.1.1 Gleichung**

$$T_m = \frac{2 \cdot 10^7}{m^6} \qquad m \geq 2$$

Man kann alle Werte der **Entwicklungsstufenfunktion** in eine Tabelle eintragen und erhält so eine bessere Übersicht:

| Empirisch | Stufe | Funktion | Gerundet |
|---|---|---|---|
| 300.000 | 2 | 312.500 | 310.000 |
| 30.000-40.000 | 3 | 27.434 | 28.000 |
| 5.000-6.000 | 4 | 4.882 | 5.000 |
| 1.200-1.500 | 5 | 1.280 | 1.300 |
| 300-400 | 6 | 428 | 430 |
| Seit 50 Jahren | 7 | 169 | 170 |
| | 8 | 76 | 80 |

Die Funktion ist in den Abbildungen auf den Seiten 82 bis 83 bildlich dargestellt.

Für die Stufe 7 also die multiplanetare Stufe wird, laut der Rechnung eine Zeitspanne von 170 Jahren gebraucht. Da die Menschheit erst vor etwa 50 Jahren, durch die Mondlandung, die siebte Stufe erklommen hat, so werden wir also noch etwa 120 Jahre brauchen, bis wir beginnen interstellare Raumfahrt zu betreiben.
Also werden wir erst im 22. Jahrhundert über interstellare Raumfahrt verfügen. Bei einer Entwicklungspanne von 80 Jahren, also um die interstellare Raumfahrt zu beherrschen, für die Stufe 8 lässt sich folgende Voraussage machen:

**6.1.2 Satz**  **Das 22. Jahrhundert könnte für die Menschheit das Jahrhundert des Anfangs der interstellaren Raumfahrt werden.**

Wenn im 22ten Jahrhundert die Menschheit interstellare Raumfahrt betreibt und sich von den Gegebenheiten selbst überzeugen kann dann resultiert insgesamt, dass sich alle Wahrscheinlichkeitsfaktoren für die Verteilung von Planeten, Leben, Intelligenz und Zivilisation, die hier entwickelt werden, innerhalb der nächsten zwei Jahrhunderte hinreichend genau ermitteln lassen werden.
Damit wandelt sich auch das hier entwickelte Modell zu einem einfachen, **empirischen Verteilungsmodell**, hinsichtlich habitabler Planeten, Leben, Intelligenz und Zivilisationen in unserer Galaxie.
Insofern sind alle abgeleiteten Parameter im Prinzip empirisch belegbar oder werden es in Zukunft sein und damit sind sie quantifizierbar und auch modifizierbar. Daher ist auch das gesamte Modell falsifizierbar und genügt somit Popperschen Ansprüchen. [107]

Wendet man die Gleichung 6.1.1 auf die erste Entwicklungsstufe an, so erhält man 20 Millionen Jahre. Vergleicht man das mit der Evolution des Menschen so ergeben sich folgende Sachverhalte:
Die ältesten Arten der Gattung Homo sind Homo rudolfensis und Homo habilis. Alle bislang bekannten Funde von Homo habilis wurden auf ein Alter von ca. 2,1 bis 1,5 Millionen Jahren datiert. [108] Die Funde zum Homo rudolfensis ergaben sich zu 1,9 Millionen Jahren. [109]
Die Funktion für die Entwicklungsstufen liefert mit 20 Millionen Jahren einen wesentlich höheren Wert als die empirischen Daten. Daher wird der Ursprungsbereich der Funktion hier mit **m ≥ 2** angeben.
Man könnte aber auch in Betracht ziehen, dass die Vorstufe der Menschheit weit länger gedauert hat als bislang angenommen.

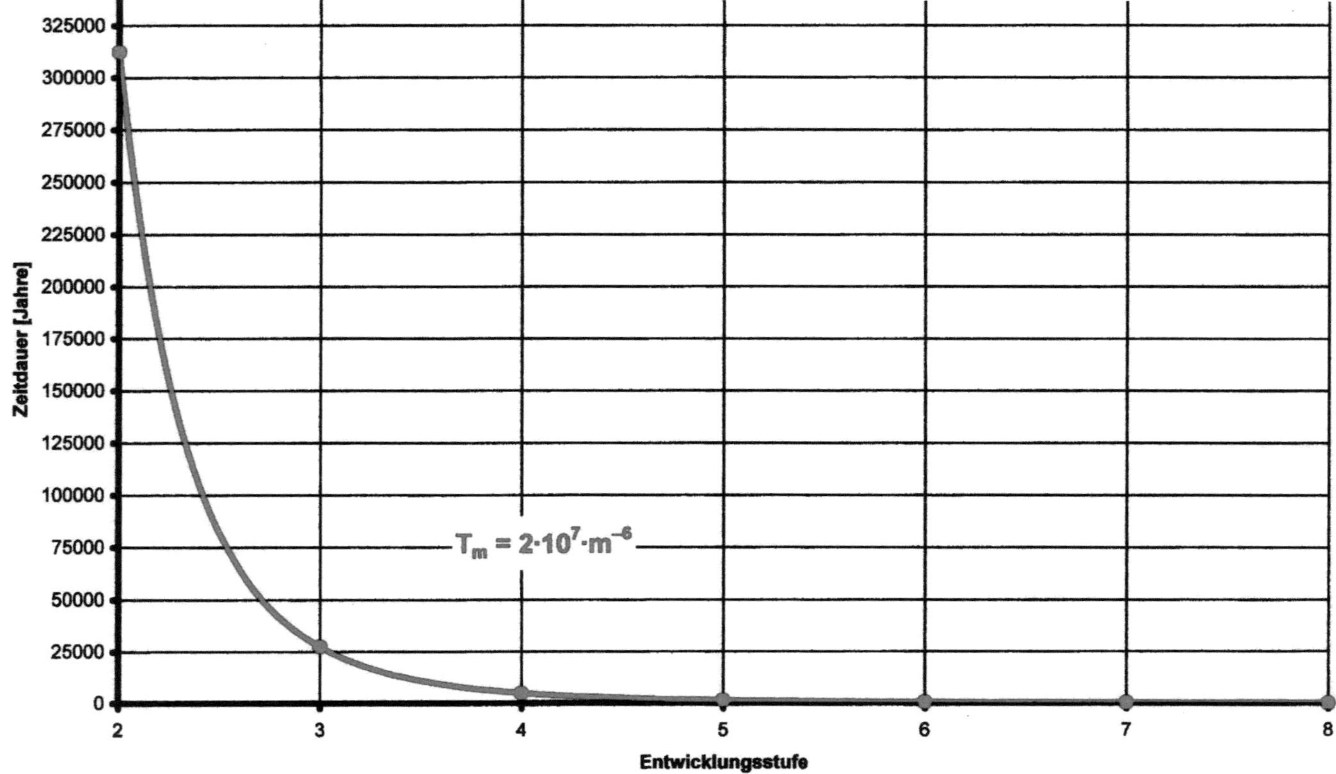

Zeitdauer [Jahre]
325000
300000
275000
250000
225000
200000
175000
150000
125000
100000
75000
50000
25000
0
$T_m = 2 \cdot 10^7 \cdot m^{-6}$
2
3
4
5
6
7
8
Entwicklungsstufe

Besser ersichtlich wird der Zusammenhang, wenn man die Zeitachse logarithmiert.

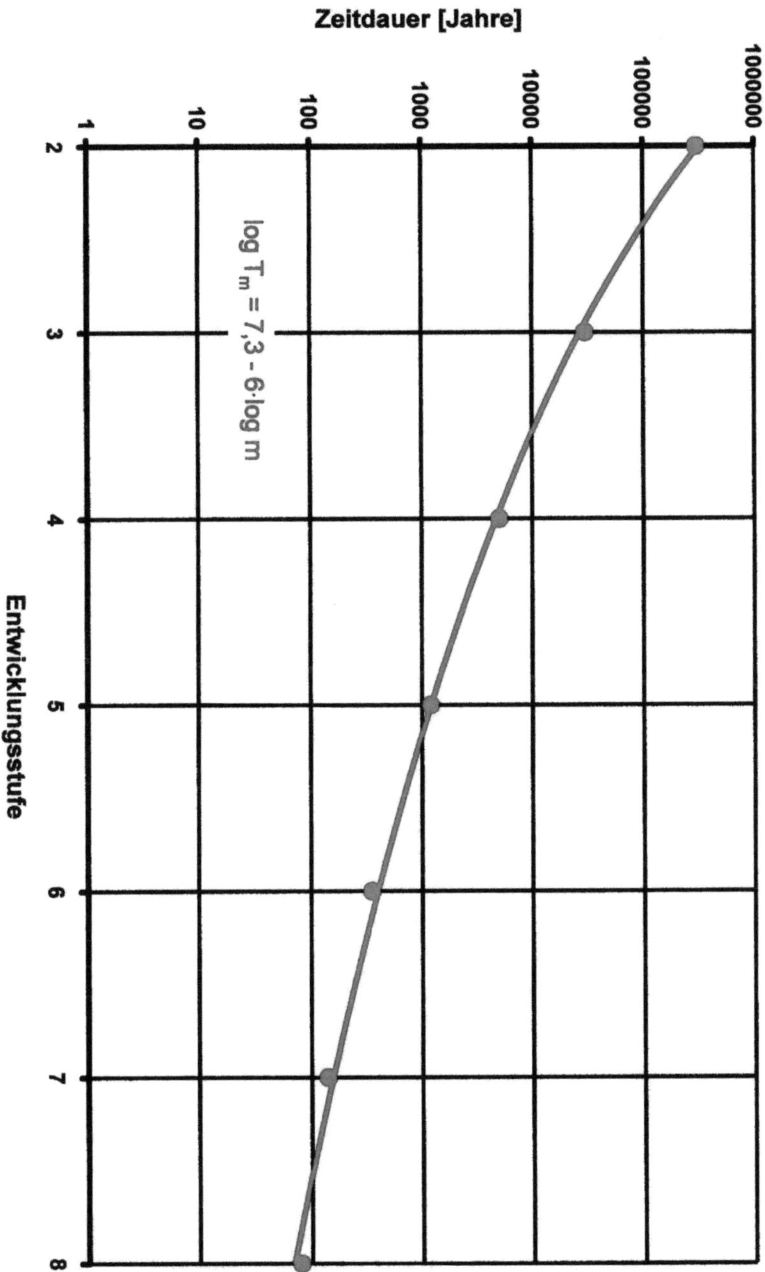

Mit den gegebenen Daten lässt sich eine **Rückschau** bzgl. der Entwicklungsstufen anstellen. Man kann nämlich die Zeiten, die durch die Entwicklungsstufenfunktion gegeben sind, vergleichen mit den empirischen Gegebenheiten.

Die Mondlandung 1969 [110] bedeutet den Eintritt in die **Stufe 7**, also die multiplanetare Stufe. Mit dem Bau der internationalen Raumstation ISS 2009, den Satelliten zu den Asteroiden und zum Mars, den geplanten Marslandungen und der kommenden kommerziellen Nutzung des Weltalls, sind wir auf dem besten Weg uns im Sonnensystem auszubreiten. Was der multiplanetaren Stufe entspricht.

Der Anfang der **Stufe 6**, also der technologischen Stufe, liegt 430 Jahre früher bei 1539 bzw. ist daher ins 16te Jahrhundert zu legen.

Die Entdeckung Amerikas durch Christoph Kolumbus war erst 1492 erfolgt. [111] Vasco Da Gama fand 1498 den Seeweg nach Indien. [112] 1519–1521 machte Fernando Magellan seine Weltumsegelung [113] und Francis Drake wiederholte dieses von 1577–1580. [114] Das 16. Jahrhundert wird auch manchmal als Jahrhundert der Entdeckungen bezeichnet. Um 1600 ist die Hälfte der Erdoberfläche, aber nur ein Teil der Landfläche bekannt.

Der Thesenanschlag in Wittenberg, bei dem Martin Luther seine 95 Thesen veröffentlichte, soll sich 1517 ereignet haben. [115] Galileo Galilei lebte von 1564–1642 [116] und durch Johannes Kepler (1571–1630) existierte die erste naturwissenschaftliche Erklärung des Sonnensystems. [117]

Die seefahrerischen Leistungen der damaligen Zeit förderten die Technologie in der Schifffahrt. Mit Galileis Teleskop 1608 [118] und 1595 durch die Linsenmacher Hans und Zacharias Janssen mit dem Mikroskop [119], ergaben sich neue technologische Anwendungen. Keplers Planetentheorie war ebenfalls die Grundlage für weitere Entwicklungen.

Die Zeitspanne vom 15ten bis ins 16te Jahrhundert wird auch als Renaissance bezeichnet, was soviel wie Wiedergeburt bedeutet. Die Renaissance wird als europäische Kulturepoche angesehen, in der Zeit des Umbruchs vom Mittelalter zur Neuzeit. [120] **Die Renaissance stellt somit den Übergang von Stufe 5 zu Stufe 6 dar.**

Daher kann man das 16. Jahrhundert durchaus als Wendepunkt ansehen, an dem die Menschheit die 6. Entwicklungsstufe ihrer Evolution begonnen hat, hin zu einer technologischen Entwicklung.

Der Anfang der **Stufe 5** liegt wiederum etwa 1.300–1.500 Jahre früher als bei Stufe 6, also bei 200 v. Chr. bis 0, also etwa der Zeitenwende. **Die Zeitenwende stellt somit den Übergang von Stufe 4 zu Stufe 5 dar.** Das Mittelalter bezeichnet in der europäischen Geschichte die Epoche zwischen dem Ende der Antike und dem Beginn der Neuzeit, also etwa die Zeit zwischen dem 6. und 15. Jahrhundert. [121] Das passt gut zur „Mittleren Stufe".

Der Anfang der **Stufe 4** liegt wiederum etwa 5.000 Jahre früher als bei Stufe 6, also bei 5.000 v. Chr. Das umfasst die Bronzezeit (2.200 bis 800 v. Chr.) [122] als auch die Eisenzeit (ab 1.200 v.Chr.). [123] Hier findet man auch die antiken Völker, wie Sumerer, Ägypter, Hethiter, Kusch, Minoer, Babylonier, Griechen, Römer, Karthager, Israeliten, Chinesen, Indianer usw. [124] Das passt gut zur „Antiken Stufe".

Der Anfang der **Stufe 3** liegt wiederum etwa 28.000 Jahre früher als bei Stufe 4, also bei 33.000 v. Chr.
Zeitpunkt des Beginns des Ackerbaus ist um 11.000 v. Chr. Die ältesten Siedlungsfunde stammen aus derselben Zeit. [125]
Die ersten Keramikfiguren können auf mindestens 29.000 Jahre datiert werden. [126] Vor etwa 35.000 Jahren wurde die Höhlenmalerei im Süden Frankreichs entwickelt. [127] In diese Zeit fallen früheste Funde von Elfenbeinschnitzereien von Figürchen in Europa. Der älteste Nachweis einer Knochenflöte wird ebenfalls mit etwa 35.000 Jahren datiert. [128] Das passt gut in die „Primitive Stufe".

Der Anfang der **Stufe 2** liegt wiederum etwa 310.000 Jahre früher als bei Stufe 3, also bei 343.000 v. Chr.
Das stimmt gut mit den ältesten Funden des Homo sapiens überein. [129]

Damit ergibt sich insgesamt eine gute Übereinstimmung der Entwicklungsstufenfunktion mit den empirischen Daten.
Wodurch sich die Frage stellt, wie lange die Menschheit insgesamt für ihre Entwicklung gebraucht hat.
Die Summe aller Entwicklungszeiten $T_m$ ab der Stufe 2 ergibt:

$$T_M = \sum_{m=2}^{8} T_m = 342.980 \text{ Jahre}$$

Dann ist $T_M$ die **mittlere Entwicklungszeit** bzw. Lebensdauer einer Zivilisation.
Eine weitere Möglichkeit die Entwicklungsdauer einer Zivilisation zu ermitteln besteht darin, die Fläche unter der Zeitfunktion $T_m$ zu berechnen, die der Gesamtzeit einer Zivilisation entspricht.
Man muss also das Integral über der Zeitfunktion bilden, um die Ge-

samtzeitspanne zu erhalten. Die **Gesamtentwicklungszeit einer Zivilisation** entspricht dem Integral über der Zeitfunktion einer Zivilisation.

**6.1.3 Gleichung**

$$T_{Gesamt} = \int_{1}^{m} T_m\, dm$$

$$T_{Gesamt} = \int_{1}^{8} 2 \cdot 10^7 \cdot m^{-6}\, dm = -\frac{2}{5} \cdot 10^7 \cdot m^{-5}\Big|_{1}^{8}$$

$T_{Gesamt}$ $\quad = 2/5 \cdot 10^7 \cdot (1^{-5} - 8^{-5})$

$T_{Gesamt}$ $\quad$ **= 3.999.877,93 Jahre**

Das sind knapp **4 Millionen Jahre** für die **Gesamtentwicklungsdauer einer Zivilisation**, von der Vorstufe bis hin zur interstellaren Raumfahrt. Das stimmt mit den empirischen Daten schon recht gut überein.
Nimmt man die Zeit von Stufe 2 bis Stufe 8, also die Zeit der rein menschlichen Entwicklung, dann gilt:

$T_{Homo}$ $\quad$ **= 2/5 · $10^7$ · ($2^{-5}$ – $8^{-5}$) = 124.877,92 Jahre**

Das ist die minimale Entwicklungszeit für eine intelligente Spezies von der primitiven Stufe bis zur technologischen Zivilisation.
Dann ist damit zu rechnen, dass eine Zivilisation noch 2-3 mal länger existiert, also zwischen 250.000 und 375.000 Jahre. Das könnte man dann als **mittlere Lebensdauer** einer Zivilisation verstehen
Die Summe aller Entwicklungszeiten $T_m$ ergibt $\Sigma T_m$ = 342.980 Jahre. Verglichen mit den empirischen 300.000 – 350.000 Jahren, die der Mensch gebraucht hat, liegt hier eine gute Übereinstimmung vor.
Die Zeit für die Vorstufe ergibt sich als Differenz aus der Gesamtzeit und der minimalen Entwicklungszeit. Die Vorstufe hat damit **3,875 Millionen Jahre** gedauert, was mit den empirischen Daten in etwa übereinstimmt.

Die bisher vorgestellte Entwicklungsstufenfunktion wurde durch eine Näherung ermittelt. Diese Näherung ist nicht die einzige Lösungsfunktion. Es sei hier noch eine andere Möglichkeit vorgestellt, die auch die Stufe 1 einschließt:

**6.1.4 Gleichung** $\qquad T_n = 10^{\,7,703 \cdot e^{-0,177 \cdot n}}$ $\qquad m \geq 1$

| Empirisch | Stufe | Funktion | Gerundet |
|---|---|---|---|
| | | | |
| 3.000.000 | 1 | 2.840.649 | 2.840.000 |
| 300.000 | 2 | 255.001 | 260.000 |
| 30.000-40.000 | 3 | 33.844 | 34.000 |
| 5.000-6.000 | 4 | 6.233 | 6.200 |
| 1.200-1.500 | 5 | 1.510 | 1.500 |
| 300-400 | 6 | 460 | 460 |
| Seit 50 Jahren | 7 | 170 | 170 |
| | 8 | 74 | 75 |

Die Gesamtsumme aller Entwicklungszeiten $T_n$ ergibt:

$$T_{Gesamt} = \sum_{n=1}^{8} T_n = 3.137.295 \text{ Jahre}$$

Das passt schon gut mit den empirischen Daten zur Entstehung der Art Homo überein. Der älteste Fund datiert auf etwa 2,5 Millionen Jahre.

Die Summe aller Entwicklungszeiten $T_n$ ab der Stufe 2, also die **mittlere Entwicklungszeit**, ergib sich zu:

$$T_N = \sum_{n=2}^{8} T_n = 297.292 \text{ Jahre}$$

Auch das stimmt recht gut mit den empirischen Daten zur Entstehung des Homo sapiens [129] überein. Der älteste Fund datiert auf etwa 340.000 Jahre.

Das Integral kann hier aber nicht gebildet werden. Es lässt sich keine Stammfunktion für $T_n$ finden.
Die Zeitspannen $T_n$ weichen zwar ein wenig von den bisherigen Zeitspannen $T_m$ ab. Die Abweichungen sind aber so gering, das sie keinen Einfluss auf die bisherigen Betrachtungen und Ergebnisse, sowie den daraus resultierenden Sätzen, haben.

Mit dem Entwicklungsstufenmodell und den zugehörigen Funktionen steht nun ein wirksames Werkzeug zur Verfügung, um die Entwicklung einer Zivilisation zu beschreiben, einzuordnen, sowie die Frage der **Lebensdauer einer Zivilisation** klären zu können.

## 6.2 - Verteilung von Zivilisationsstufen

Es ist davon auszugehen, dass die in der Galaxie vorhandenen Zivilisationen über die gesamten geschichtlichen Entwicklungsstufen hinweg verteilt sein werden. In einem ersten Ansatz könnte man davon ausgehen, dass alle Zivilisationen gleichmäßig über die Zivilisationsstufen verteilt sind.

Dagegen kann man aber anführen, dass je länger eine Zivilisation besteht auch die Wahrscheinlichkeit einer alles vernichtenden Katastrophe **zunimmt**. Es ist daher eher zu erwarten, dass die Anzahl der Zivilisationen mit steigender Entwicklungsstufe abnimmt. Daraus lässt sich folgender Ansatz formulieren:

**6.2.1 Ansatz**   **Die Wahrscheinlichkeit $F_z$ für eine Zivilisation ist umgekehrt proportional zur Entwicklungsstufe.**

**$F_z$ = 1:m          und m = Entwicklungsstufe**

In der folgenden Grafik auf der nächsten Seite ist dies noch ein mal bildlich dargestellt.

Wenn auf einem Planeten intelligentes Leben entstanden ist, so ist es 100% wahrscheinlich, dass auch Vorstufen von Zivilisationen entstanden sind, eben solche der Stufe 1. Folglich liefert auch die Entwicklungsstufenfunktion hier den Wert 1.

Aber schon bei Stufe 2 beträgt die Wahrscheinlichkeit nur noch 0,5, bei Stufe 3 noch 0,33, bei Stufe 4 nur noch 0,25 usw.

Es muss jetzt noch gefordert werden, dass die Summe aller Wahrscheinlichkeiten für die Zivilisationsstufen (**m ≥ 2**) gleich eins ist. Das bedeutet, dass es 100% wahrscheinlich ist, dass über die Summe aller Zivilisationsstufen gesehen, mindestens eine existiert.
Also gilt:

**6.2.2 Gleichung**
$$S = \sum_{Z=2}^{8} F_Z = 1$$

Das ist aber dem bisherigen Ansatz 6.2.1 nicht der Fall, denn die Summenbildung liefert:

**S** = 1/2 + 1/3 + 1/4 + 1/5 + 1/6 + 1/7 + 1/8 = 481 : 280 > 1

Wahrscheinlichkeiten können aber nicht größer als eins werden. Daher muss man einen verschärften Ansatz finden.

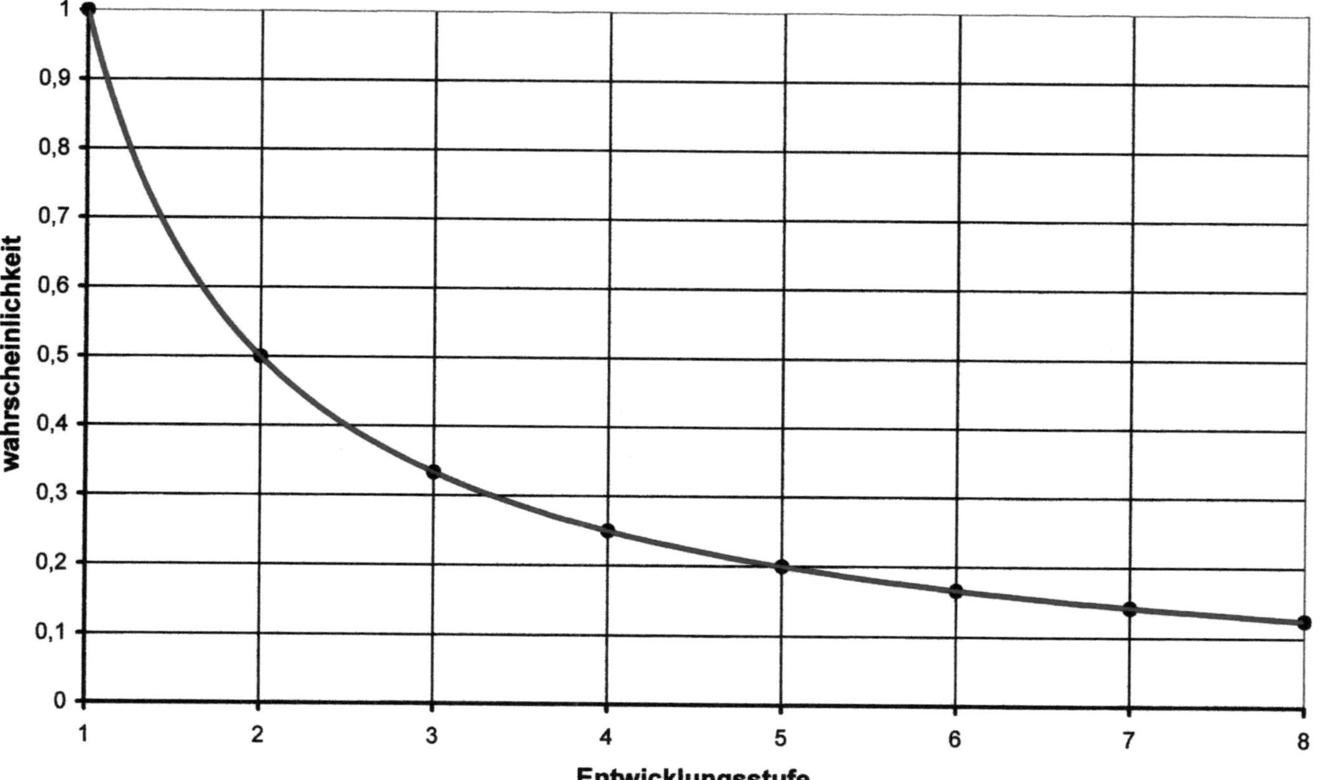

wahrscheinlichkeit
1
0,9
0,8
0,7
0,6
0,5
0,4
0,3
0,2
0,1
0
1
2
3
4
5
6
7
8
Entwicklungsstufe

Ein besserer Ansatz lässt sich dadurch erreichen, dass man das **Quadrat** der Entwicklungsstufe zur Berechnung der Wahrscheinlichkeit $F_z$ benutzt, also:

$$F_z = 1:m^2 \qquad \text{und } m \geq 2 \text{ ist } \textbf{Entwicklungsstufe}$$

Die Summenbildung liefert hier:

S      = 1/4 + 1/9 + 1/16 + 1/25 + 1/36 + 1/49 + 1/64
S      = 7.301 : 14.400
S      = 0,507.013

Dann lässt sich die Normierungsfunktion 6.2.2 so modifizieren:

**6.2.3 Gleichung**
$$S = a \cdot \sum_{Z=2}^{8} F_Z = 1$$

Um die Entwicklungsstufenfunktion anzupassen, muss der Faktor **a** gleich dem Kehrwert der Summe sein, also:

$$a = 14.400 : 7.301$$
$$a = 1,972.332$$

Damit lässt sich jetzt folgender Ansatz für die **Wahrscheinlichkeit einer Entwicklungsstufe** aufstellen:

**6.2.4 Gleichung**
$$\boxed{F_{Zm} = \frac{14400}{7301 \cdot m^2}} \qquad m \geq 2$$

In der nachfolgenden Grafik, auf der nächsten Seite, ist das noch einmal bildlich dargestellt.

Durch die Entwicklungsstufenfunktion 6.2.4 lässt sich noch die Gesamtwahrscheinlichkeit für alle Zivililisationsstufen größer 2 ermitteln. Die Gesamtwahrscheinlichkeit wird durch die Fläche dargestellt die sich unter der Funktion aufspannt. Man muss also das Integral über der Funktion bilden. Das lässt sich dann so formulieren:

Die **Gesamtwahrscheinlichkeit für die Existenz einer Zivilisation** entspricht dem Integral über der Wahrscheinlichkeitsfunktion einer Zivilisation.

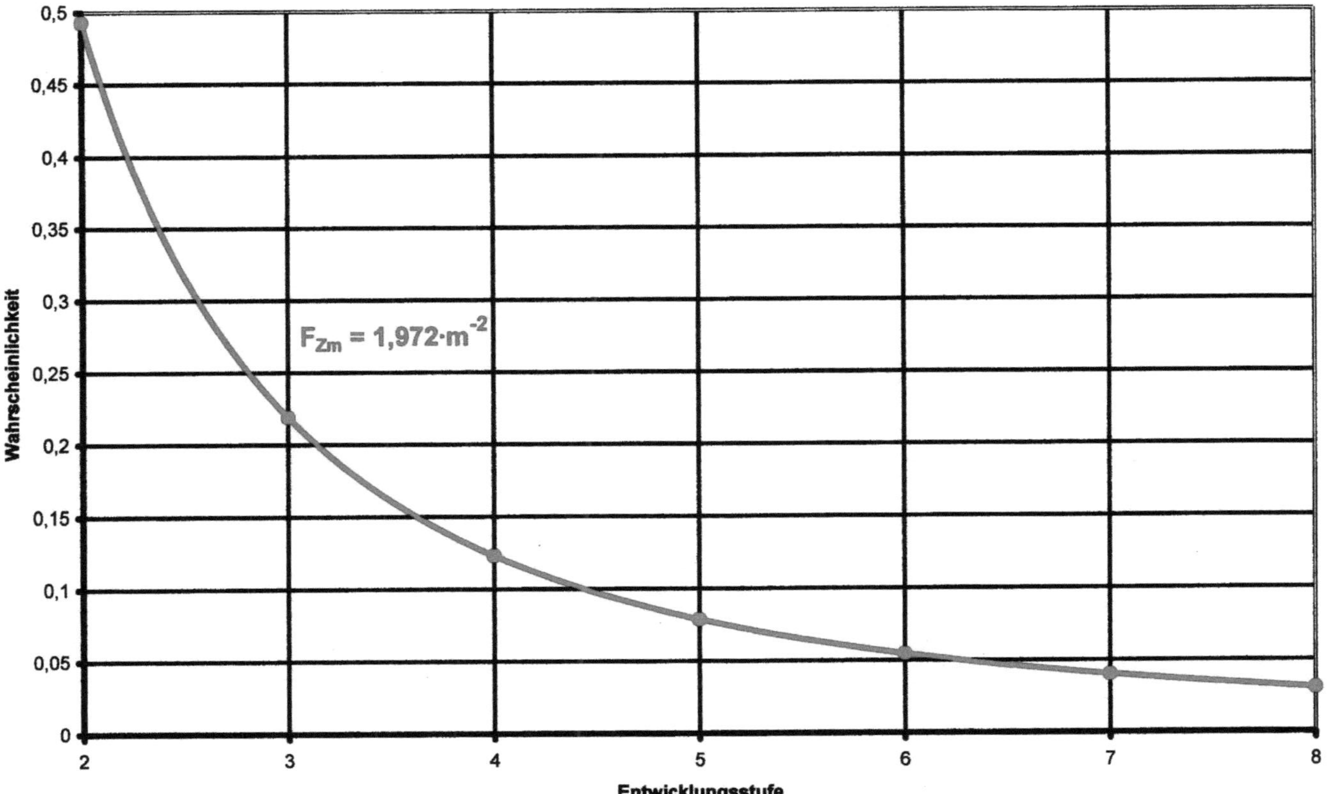

Wahrscheinlichkeit
0,5
0,45
0,4
0,35
0,3
0,25
0,2
0,15
0,1
0,05
0
$F_{Zm} = 1,972 \cdot m^{-2}$
2
3
4
5
6
7
8
Entwicklungsstufe

**6.2.5 Gleichung**

$$F_{Gesamt} = \int_{2}^{m} F_{Zm}\, dm$$

$$F_{Gesamt} = \int_{2}^{8} 14400/7301 \cdot m^{-2}\, dm = -14400/7301 \cdot m^{-1} \Big|_{2}^{8}$$

$F_{Gesamt}$ $\quad = 14400/7301 \cdot (-8^{-1} + 2^{-1})$
$\mathbf{F_{Gesamt}}$ $\quad = \mathbf{5400/7301} = 0,739.624$

Das bedeutet, dass eine **Gesamtwahrscheinlichkeit** von etwa **74 %** besteht, überhaupt eine Zivilisation anzutreffen.

Mit der Wahrscheinlichkeitsfunktion für Zivilisationsstufen steht nun ein wirksames Werkzeug zur Verfügung, die Wahrscheinlichkeiten für die Entwicklungsstufen einer Zivilisation zu beschreiben und einzuordnen.
Es muss jetzt nur noch eines vorausgesetzt werden:

**6.2.6 Axiom**  Alle Betrachtungen zu den Entwicklungsstufen, der Entwicklungszeit und der Verteilung von Zivilisationsstufen sind auf außerirdische Zivilisationen übertragbar.


## 6.3 - Spezielles Grundmodell

Gleichung 5.4.1 für „Erden 2" mit einer intelligenten Spezies kann noch erweitert werden zu:

**6.3.1 Gleichung**  $\mathbf{N_{ze} = N_{ie} \cdot F_z}$
$\mathbf{N_{ze} = A \cdot F_{sph} \cdot F_{gae} \cdot F_L \cdot F_i \cdot F_z}$

Gleichung 6.3.1 gibt die Zahl der intelligenten Spezies wieder, die über Technologie verfügen könnten und eine Entwicklungsstufe größer als 2 erreicht haben. Die Gleichung 6.3.1 lässt sich noch etwas vereinfachen. Dazu muss man sich den Wahrscheinlichkeitsfaktoren zuwenden. Bekannt sind ja folgende:

$\mathbf{F_{sph} = F_s \cdot F_p \cdot F_h}$ $\qquad = 7{:}25 \cdot 1{:}70 \cdot 1{:}60$
$\qquad\qquad\qquad = \mathbf{1{:}15.000}$ $\qquad\qquad$ **habitable Zone**

$$F_{gae} = F_g \cdot F_a \cdot F_e \qquad = 100{:}277 \cdot 100{:}311 \cdot (1{:}100 - 1{:}10)$$
$$= \mathbf{1{:}861 \text{ bis } 1{:}86} \qquad \textbf{Erdähnlichkeit}$$

Betrachtet man nur die „Erden 2", dann kann man noch eine Wahrscheinlichkeit für eine Zivilisation aufstellen:

### 6.3.2 Definition

$$\boxed{F_{Liz} = F_L \cdot F_i \cdot F_z}$$

Dabei muss $F_z$ jeweils an die zu betrachtenden Zivilisationsmengen angepasst werden, was in den folgenden Abschnitten noch ersichtlich werden wird.

Die Gleichung 6.3.1 kann dann auch noch so dargestellt werden:

### 6.3.3 Gleichung

$$N_{ze} = A \cdot F_{sph} \cdot F_{gae} \cdot F_{Liz}$$

| | |
|---|---|
| $F_{sph} = F_s \cdot F_p \cdot F_h$ | **Habitable Zone** |
| $F_{gae} = F_g \cdot F_a \cdot F_e$ | **Erdähnlichkeit** |
| $F_{Liz} = F_L \cdot F_i \cdot F_z$ | **Zivilisation** |

**Das Gleichungssystem 6.3.3 beinhaltet alle *planetaren und biologischen* Faktoren, welche die Entwicklung einer Zivilisation, durch eine intelligente Spezies, auf einer „Erde 2", in einem sonnenähnlichen System, in der Galaxie, beeinflussen können.**

Da wir eine Zivilisation kennen, nämlich unsere, lässt sich Gleichung 6.3.3 noch etwas modifizieren. Es gilt:

### 6.3.4 Gleichung

$$\boxed{N_{ze} = A \cdot F_{sph} \cdot F_{gae} \cdot F_{Liz} \geq 1}$$

## 6.4 - Technologische Zivilisationen

Lediglich drei der acht Entwicklungsstufen stellen höhere **technologische Zivilisationen** dar, nämlich die Stufen 6, 7, 8. Das entspricht einer Wahrscheinlichkeit von:

$$F_z = 14.400/7.301 \cdot (1{:}36+1{:}49+1{:}64)$$
$$F_z = 405.225/3.218.741 \approx 1{:}8$$

$$F_{Liz} = F_L \cdot F_i \cdot F_z = 1{:}10 \cdot 1{:}13 \cdot 1{:}8$$
$$= 0{,}000.961$$
$$= \mathbf{1 : 1.040} \qquad \textbf{technologische Zivilisation}$$

Da für $F_e$ bzw. $F_{gae}$ zwei Werte existieren, lässt sich auch hier wieder eine Minimal-Maximal Aussage generieren.

Einsetzen aller Werte ($F_e = 0{,}1$) in die Gleichung 6.3.3 liefert:

$N_{ze1} = (100\text{-}300)\cdot 10^9 \cdot 1{:}15.000 \cdot 1{:}86 \cdot 1{:}1.040$
**$N_{ze1} = 75 - 224$ „Erden 2" mit technologischen Zivilisationen**

Einsetzen aller Werte ($F_e = 0{,}01$) in die Gleichung 6.3.3 liefert:

$N_{ze2} = (100\text{-}300)\cdot 10^9 \cdot 1{:}15.000 \cdot 1{:}861 \cdot 1{:}1.040$
**$N_{ze2} = 8 - 22$    „Erden 2" mit technologischen Zivilisationen**

Die beiden Ergebnisse lassen sich dann zusammenfassen, zu folgender Aussage:

**6.4.1 Satz**          **Es existieren wahrscheinlich 8 bis 224 technologische Zivilisationen auf einer „Erde 2" in einem sonnenähnlichen Sternsystem, in unserer Galaxie.**

Die Wahrscheinlichkeit für eine habitable „Erde 2", mit einer technologischen Zivilisation, in sonnenähnlichen Sternsystemen, in unserer Galaxie, beträgt dann:

**6.4.2 Definition**          $F_{ze} = F_{sph} \cdot F_{gae} \cdot F_{Liz}$

$F_{ze}\quad = F_{sph} \cdot F_{gae} \cdot F_{Liz}$
$F_{ze}\quad = 1{:}15.000 \cdot (1{:}86\text{-}1{:}861) \cdot 1{:}1.040$
$F_{ze}\quad = 1{:}1.341.600.000 - 1{:}13.416.000.000$

Nur jedes **1,341 bis 13,416 Milliardste** Sternsystem bringt eine „Erde 2", mit einer technologischen Zivilisationen hervor.

**Schlussfolgerung:**
Verteilt man die maximal vorhandenen technologischen **224** Zivilisationen gleichmäßig in der Galaxie, so liegen im Mittel etwa **4.821 Lichtjahre** zwischen ihnen.
Ein elektromagnetisches Signal von einer anderen Zivilisation wäre demzufolge auch ein paar tausend Jahre unterwegs und hätte ebenso zum „richtigen" Zeitpunkt abgeschickt werden müssen, um uns heute zu erreichen.

# 6.5 - Vergleichbare technologische Zivilisationen

 Die heutige Zivilisation befindet sich etwa seit 300 Jahren auf der 6. Stufe, bzw. stehen wir mit der Mondlandung 1969, sowie dem Aufbau der internationalen Raumstation ISS seit 1998, am Anfang der siebten Stufe.

Lediglich zwei der acht Entwicklungsstufen stellen daher **vergleichbare technologische Zivilisationen** dar, nämlich die Stufen 6 und 7. Das entspricht einer Wahrscheinlichkeit von:

$$F_z = 14.400{:}7.301 \cdot (1{:}36+1{:}49) = \mathbf{34.000{:}357.749} \approx \mathbf{1{:}10{,}522}$$

$$F_{Liz} = F_L \cdot F_i \cdot F_z = 1{:}10 \cdot 1{:}13 \cdot 34.000{:}357.749$$
$$= \mathbf{1{:}1.368} \qquad \text{vergleichbare Zivilisationen}$$

Einsetzen aller Werte ($F_e = 0{,}1$) in die Gleichung 6.3.3 liefert:

$$N_{ze1} = (100\text{-}300) \cdot 10^9 \cdot 1{:}15.000 \cdot 1{:}86 \cdot 1{:}1.368$$
$$\mathbf{N_{ze1} = 57 - 170} \qquad \text{vergleichbare Zivilisationen}$$

Einsetzen aller Werte ($F_e = 0{,}01$) in die Gleichung 6.3.3 liefert:

$$N_{ze2} = (100\text{-}300) \cdot 10^9 \cdot 1{:}15.000 \cdot 1{:}861 \cdot 1{:}1.368$$
$$\mathbf{N_{ze2} = 6 - 17} \qquad \text{vergleichbare Zivilisationen}$$

Die beiden Ergebnisse lassen sich dann zusammenfassen, zu folgender Aussage:

**6.5.1 Satz**     **Es könnten zwischen 6 und 170 technologische Zivilisationen, auf einer „Erde 2", in einem sonnenähnlichen Sternsystem, in unserer Galaxie existieren, die mit unserer vergleichbar wären.**

Die Wahrscheinlichkeit für eine habitable „Erde 2", mit einer technologischen vergleichbaren Zivilisation, in sonnenähnlichen Sternsystemen, in unserer Galaxie, beträgt dann nach Definition 6.4.2:

$$F_{ze} = F_{sph} \cdot F_{gae} \cdot F_{Liz}$$
$$F_{ze} = 1{:}15.000 \cdot (1{:}86\text{-}1{:}861) \cdot 1{:}1.368$$
$$F_{ze} = 1{:}1.764.720.000 - 1{:}17.647.200.000$$

Nur jedes **1,764 bis 17,647 Milliardste** Sternsystem besitzt eine „Erde 2", mit einer vergleichbaren Zivilisation.

**Schlussfolgerung:**
Verteilt man die maximal vorhandenen vergleichbaren 170 Zivilisationen gleichmäßig in der Galaxie, so liegen im Mittel etwa **5.286 Lichtjahre** zwischen ihnen.
Ein Signal von einer anderen Zivilisation wäre demzufolge auch ein paar tausend Jahre unterwegs und hätte ebenso zum „richtigen" Zeitpunkt abgeschickt werden müssen, um uns heute zu erreichen.
Es wäre schon ein unglaublicher Glücksfall, wenn man mit dem SETI Projekt so ein Signal auffangen würde.
Eine Kommunikation wäre, durch die großen Zeitspannen bei der Signalübertragung, auch nicht möglich. Ausführlicher wird dieses Thema im Kapitel 16 (Das SETI-Projekt) behandelt.

## 6.6 - Raumfahrende Zivilisationen

Die Voraussetzung für eine **raumfahrende Zivilisation** ist:

**6.6.1 Axiom**
**Es existiert eine Physik und daraus resultierende Technologie, die interstellare Reisen in kurzen Zeiträumen zulässt.**

Entwicklungsgeschichtlich gesehen verfügt ja nur die oberste Zivilisationsstufe 8 über interstellare Raumfahrt. Daher beträgt die Wahrscheinlichkeit eine solche Spezies anzutreffen:

$$F_z = 14.400{:}7.301 : 64.= \mathbf{225{:}7.301 \approx 1{:}32{,}448}$$

$$F_{Liz} = F_L \cdot F_i \cdot F_z = 1{:}10 \cdot 1{:}13 \cdot 225{:}7.301$$
$$= \mathbf{1{:}4.218} \qquad \textbf{raumfahrende Zivilisationen}$$

Einsetzen aller Werte ($F_e = 0{,}1$) in die Gleichung 6.3.3 liefert:

$$N_{ze1} = (100\text{-}300)\cdot 10^9 \cdot 1{:}15.000 \cdot 1{:}86 \cdot 1{:}4.218$$
$$\mathbf{N_{ze1} = 18 - 55} \qquad \textbf{raumfahrende Zivilisationen}$$

Einsetzen aller Werte ($F_e = 0{,}01$) in die Gleichung 6.3.3 liefert:

$$N_{ze2} = (100\text{-}300)\cdot 10^{9} \cdot 1{:}15.000 \cdot 1{:}861 \cdot 1{:}4.218$$

**$N_{ze2} = 2 - 6$**   **raumfahrende Zivilisationen**

Die beiden Ergebnisse lassen sich dann zusammenfassen, zu folgender Aussage:

**6.6.2 Satz**   **Es existieren wahrscheinlich 2 bis 55 technologische Zivilisationen, auf einer „Erde 2", in einem sonnenähnlichen Sternsystem, in unserer Galaxie, die interstellare Raumfahrt betreiben.**

Die Wahrscheinlichkeit für eine habitable „Erde 2" in sonnenähnlichen Sternsystemen, in unserer Galaxie, mit einer technologischen Zivilisation, die interstellare Raumfahrt betreibt, beträgt dann nach Definition 6.4.2:

$$F_{ze} = F_{sph} \cdot F_{gae} \cdot F_{Liz}$$
$$F_{ze} = 1{:}15.000 \cdot (1{:}86\text{-}1{:}861) \cdot 1{:}4.218$$
$$F_{ze} = 1{:}5.441.220.000 - 1{:}54.412.200.000$$

Nur jedes **5,441 bis 54,412 Milliardste** Sternsystem besitzt eine „Erde 2", mit einer raumfahrenden Zivilisation.

**Bemerkung:**
Verteilt man die maximal vorhandenen raumfahrenden 55 Zivilisationen gleichmäßig in der Galaxie, so liegen im Mittel etwa **7.700 Lichtjahre** zwischen ihnen.


## 6.7 - Hypothetisch

In dem Buch „Alien-Hypothese" [130] kann gezeigt werden, dass das UFO-Phänomen:

    a)   real ist
    b)   ein globales Phänomen ist
    c)   zum Teil extraterrestrisch ist

In dem Buch „Alien-Hypothese" (Teil 1 - Kapitel 4) werden mehrere Whistleblower benannt, Personen aus Militär, Forschung und Politik, die öffentlich bekennen mit außerirdischer Technologie zu tun gehabt zu haben und/oder in diesem Rahmen Aliens getroffen zu haben. Zwei Personen sind besonders erwähnenswert, da beide in derselben Firma in hohen Positionen beschäftigt waren.

**Dr. Ben Rich**, [131] Direktor von Lockheed Skunkworks und Autor des Buches *„Skunk Works: A Personal Memoir of My Years of Lockheed"* [132] gab, kurz vor seinem Tod, im Januar 1995 sogar zweimal bekannt, dass Außerirdische und UFOs real seien.

*„Wir haben bereits die Technologie um ET nach Hause zu bringen. Nein, es braucht kein ganzes Menschenleben um das zu tun. Es gibt da einen Fehler in den Gleichungen und wir wissen, wo er liegt. Wir haben inzwischen die Fähigkeit zu den Sternen zu reisen"*. [133]

Der ehemalig führende Lockheed-Wissenschaftler **Boyd Bushman** verstarb am 7. August 2014. Kurz vor seinem Tod berichtete er, mittels Video auf YouTube, [134] über seine persönlichen Erfahrungen mit UFOs und Außerirdischen. Er behauptete, bis zu 200 Jahre alte Außerirdische seien nicht nur eine Realität, sondern hätten auch wiederholt die Erde besucht. Dabei übergab er den Anwesenden auch Bildmaterial, um seine Behauptung zu untermauern.

Weiterhin gab er an, dass eine Alien-Rasse, die **68** Lichtjahre entfernt leben würde, nur **35** Minuten bräuchte, um bis zur Erde zu gelangen. Das entspricht einer mittleren Reisegeschwindigkeit von 1 millionenfacher Lichtgeschwindigkeit.

In physikalischer Schreibweise:  $V_{reise}$    = 1 Mc
In Star Trek Schreibweise:       $V_{reise}$    = 1 MWarp

**Clifford Stone** [135] soll 22 Jahre lang in Top-Secret UFO-Fälle involviert gewesen sein, soll bei mindestens 12 UFO-Bergungen als Zeuge vor Ort dabei gewesen sein und soll zahlreiche extraterrestrische Wesen getroffen haben. Er behauptet das eine Spezies die 100 Lichtjahre entfernt wäre, 100 Minuten benötige, um zur Erde zu gelangen. Das entspricht in etwa der 500.000-fachen Lichtgeschwindigkeit als Reisegeschwindigkeit. [136] [137]

Alle Autoren mache über die Art der Antriebe für die interstellare Raumfahrt nur vage Angaben. Allem Anschein nach handelt es sich hier um Rauverzerrungseffekte oder Wurmloch- bzw. Tunneltechnologien, die **scheinbar** hohe Geschwindigkeiten ermöglichen.

Wenn man das mit **1Mc** Reisegeschwindigkeit weiter durchrechnet ergeben sich folgende Ergebnisse:

In 36 Tagen durch die Galaxie                (100.000 Lj)
In 2 Monaten zu den Magellanschen Wolken    (190.000 Lj)
In 30 Monaten zur Andromeda-Galaxie       (2.500.000 Lj)

Die gesamte lokale Galaxiengruppe (25 Galaxien) [138] wäre in über-
schaubaren Zeiträumen (1/2 Jahr) erreichbar, bereisbar und er-
forschbar.
Die Fähigkeit zur interstellaren Raumfahrt ergibt einen Erforschungs-
raum, der praktisch die gesamte lokale Galaxiengruppe umfasst.

Soweit das hypothetisch Mögliche. Daraus ergeben sich nun folgende Konsequenzen:

Eine Rasse der es möglich ist Materie durch Raum und Zeit zu
transportieren hat auch Wege gefunden dort Energie bzw. Information zu verschicken., d.h. es existiert so etwas wie ein **interstellarer
Funk** und dieser dürfte NICHT auf elektromagnetischer Basis funktionieren.
Die Menschheit ist gerade selber dabei eine solche Technologie zu
entwickeln. Mit einer Quantentechnologie die auf verschränkten Teilchen beruht. Was bei weiterer Entwicklung, zu einer abhörsicheren
und momentanen, also überlichtschnellen Kommunikation befähigt.

Es ist davon auszugehen, dass bei interstellaren Reisen eine solche
Art der Kommunikation nicht nur sinnvoll, sondern sogar Standard
ist. Wenn also raumfahrende Außerirdische diese Technologie zur
Kommunikation benutzen, ist durch die Abhörsicherheit einerseits
und die überlichtschnelle Signalgeschwindigkeit andererseits, ein
**Schweigen im All** auf dem elektromagnetischen Frequenzband verständlich. Daraus ergibt sich folgende Konsequenz:

### Wir horchen bei SETI mit dem falschen Werkzeug

SETI verhält sich daher so, als ob man auf Trommelzeichen oder
Rauchzeichen wartet, während die anderen miteinander telefonieren,
oder Funkverkehr betreiben.

Wenn wir aktiv elektromagnetische Signale ins All senden, senden
wir auch Information über unseren technologischen Stand.

**Das bedeutet, dass nur Zivilisationen einer bestimmten Entwick-
lungsstufe elektromagnetische Signale benutzen und sich so-
zusagen dadurch auch verraten.**

Die technologisch höher entwickelten Zivilisationen sind daher auch
nicht mehr abhörbar.

## 6.8 - Maximalbetrachtungen

Nach den bisherigen Maximalbetrachtungen können 15 Mal so viele „Erden 2" auftreten wie aus dem Modell vorgegeben.
Somit können auch 15 Mal so viele Zivilisationen entstehen wie abgeleitet. Somit ergibt sich maximal:

120 bis 3.360 technologische Zivilisationen

90 bis 2.550 vergleichbare technologische Zivilisationen

30 bis 825 technologische Zivilisationen die interstellare Raumfahrt betreiben

Bei etwa 825 interstellar raumfahrenden Spezies wäre nach Kapitel 17 die Galaxie bereits übervölkert, was aber unwahrscheinlich ist. Daher scheint auch der 15-fache Wert als zu groß auszufallen.

## 6.9 - Wahrscheinlichkeiten

Schaut man sich noch einmal die Faktoren $F_{sph}$, $F_{gae}$ und $F_{Liz}$ an, dann lässt sich hier noch folgendes ergänzen:

$F_{sph}$ = 1:15.000 ist die Wahrscheinlichkeit für einen Planeten in der habitablen Zone eines sonnenähnlichen Sternes.

Für $F_{gae}$ = 1:861 – 1:86 ließ sich bisher nur ein Bereich ermitteln.
Wenn in den nächsten 20 – 100 Jahren bis zu 10 „Erden 2" gefunden sein werden, wird es möglich sein, beide Parameter ($F_{sph}$, $F_{gae}$) hinreichend genau anzugeben, d.h. statistisch gesehen liegen dann signifikante Zahlen vor.

Bisher ermittelte Werte für $F_{Liz}$:

$F_{Liz}$ = 1:1.040    technologische Zivilisation
$F_{Liz}$ = 1:1.368    vergleichbare Zivilisation
$F_{Liz}$ = 1:4.218    raumfahrende Zivilisation

Die Genauigkeit dieser Werte wird sich erst dann hinreichend klären lassen, wenn die Menschheit selber beginnt, interstellare Raumfahrt zu betreiben, also nach Satz 6.1.2 in 100 bis 200 Jahren, und die Verteilung von Leben bzw. Intelligenz und Zivilisation in der Galaxie selbst überprüfen kann.

Daraus resultiert, dass sich alle Wahrscheinlichkeitsfaktoren für die Verteilung von Planeten, Leben, Intelligenz und Zivilisation innerhalb der nächsten zwei Jahrhunderte hinreichend genau ermitteln lassen werden.

Das Gleichungssystem 6.3.3 beinhaltet alle *planetaren und biologischen* Faktoren, welche die Entwicklung einer Zivilisation, durch eine intelligente Spezies, auf einer „Erde 2", in einem sonnenähnlichen Sternsystem, in der Galaxie, beeinflussen können.
In der Folge werden wir das bis hierhin abgeleitete System von Gleichungen für sonnenähnliche Sternsysteme als **„Spezielles Grundmodell"** bezeichnen.

Wenn also durch zukünftige weitere Untersuchungen eine immer bessere Signifikanz der bisherigen Wahrscheinlichkeitswerte erreicht wird, wandeln sich die Wahrscheinlichkeiten von Wahrscheinlichkeitsfaktoren, in einfache Verteilungs- bzw. Häufigkeitswerte.
Damit wandelt sich auch das Grundmodell zu einem einfachen, **empirischen Verteilungsmodell**, hinsichtlich habitabler Planeten, Leben, Intelligenz und Zivilisationen in unserer Galaxie.

Hier noch einmal alle Wahrscheinlichkeitsfaktoren, die Leben, Intelligenz und Zivilisation betreffen.

| Symbol | Rate | Faktor | Bezeichnung |
|---|---|---|---|
| | | | |
| $F_L$ | 1:10 | 0,1 | Planeten mit Leben |
| $F_i$ | 1:13 | 0,076.923 | intelligente Spezies |
| $F_z$ | 405225:3218741 | 0,125.895 | technologische Zivilisation |
| $F_z$ | 34000:357749 | 0,095.038 | vergleichbare Zivilisation |
| $F_z$ | 225:7301 | 0,030.817 | raumfahrende Zivilisation |

| Symbol | Rate | Faktor | Bezeichnung |
|---|---|---|---|
| $F_{Liz}$ | 1:1.040 | 0,000.961 | technologische Zivilisation |
| $F_{Liz}$ | 1:1.368 | 0,000.731 | vergleichbare Zivilisation |
| $F_{Liz}$ | 1:4.218 | 0,000.237 | raumfahrende Zivilisation |

# 7 – Überleben einer Zivilisation

## 7.1 - Entwicklungshindernisse einer Zivilisation

Damit sich eine Zivilisation derart erfolgreich entwickeln kann, dass sie Stufe 6 oder höher erreicht, muss sie mindestens vier weitere Schwierigkeiten meistern. Diese sind:

1) **Versorgungsmangel**
   In der Geschichte der Menschheit sind einige Kulturen wie z.B. die Maya oder auch die Anastasi durch Hungersnot verursacht, durch anhaltende Dürre und/oder Klimaverschiebung bzw. Klimawandel, zugrunde gegangen.
   Raubbau [139], Umweltverschmutzung [140] und Überbevölkerung [141] sind zusätzliche Risikopotenziale.

2) **Seuchen, Pandemie**
   Historisch waren die Pest und die „Spanische Grippe" die großen Seuchen, welche die Menschheit bisher heimgesucht haben. Heutzutage ist es z.B. das Ebola-Virus auf dem afrikanischen Kontinent. Aktuell (Jan. 2016) wird ein Ausbruch des Zika-Virus (Familie der Flaviviridae) als potenzielle Gefahr („Zika Fever") kontrovers diskutiert.
   Alle diese Pandemien haben das Potenzial die Menschheit auszurotten. So ist es den Indianern Nord- und Südamerikas ergangen, als die Europäer in ihrem Gebiet erschienen. [142]

3) **Krieg**
   Durch Kriege sind schon viele Staaten und Kulturen gefallen. Ein weiteres potenzielles Vernichtungsrisiko ist die Tatsache, dass die großen Industrienationen seit gut 60 Jahren über ausreichend Vernichtungskraft verfügen, um die Menschheit mehrmals auszulöschen. [143]

4) **Katastrophen**
   Regionale Katastrophen wie Vulkanismus als Lahar und pyroklastische Ströme oder Erdbeben durch Plattentektonik, sowie Tsunamis, Waldbrände und Hurrikans können sich zu erheblichen Schwierigkeiten in der menschlichen Entwicklung entwickeln. [144]

5) **Innere Konflikte**
   Ausfall der Infrastruktur durch Hackerangriffe oder Sabotage

sowie soziale Unruhen und Revolutionen können sich zu erheblichen Schwierigkeiten in der menschlichen Entwicklung entwickeln. [145]

6) **Dekadenz**
   Überdruss, Langeweile, kultureller Verfall, allgemeine kulturelle Müdigkeit [146]

7) **Unvorhergesehene Entwicklungseinflüsse**
   Das kann ein Flaschenhals sein, der z.B. bei autoevolutiver Entwicklung in eine Sackgasse führt oder auch Einwirkungen durch eine außerirdische Spezies

Versorgungsmangel, Pandemien, Kriege, Katastrophen und innere Konflikte oder Dekadenz sind zum einen Teil kulturell bedingte Hindernisse können zum anderen durch Umwelteinflüsse oder äußere Einflüsse induziert sein. Jede fortgeschrittene Zivilisation wird in ihrer Entwicklung diese Hindernisse zu meistern haben.
Wobei sieben Chancen des Scheiterns bestehen. Demnach besteht für eine Zivilisation eine Chance von $F_u$ = 1:8 zu überleben.


## 7.2 - Differenzierung für Entwicklungshindernisse

Es lässt sich noch eine Verfeinerung bei der **Wahrscheinlichkeit der Entwicklungshindernisse** vornehmen.

Das Leben ist von **q** planetaren Voraussetzungen abhängig, d.h. sie bilden die Menge **Q** der **Entwicklungshindernisse.**

Dann trägt jedes Element einen Beitrag zur Gesamtwahrscheinlichkeit bei. Dieser Teil beträgt:

**7.2.1 Gleichung**

$$f_j = \frac{1}{q(q+1)}$$

Es ist: **0 < j < q + 1**

Es gilt dann für die **Gesamtwahrscheinlichkeit der Entwicklungshindernisse:**

**7.2.2 Gleichung**
$$F_u = \sum_{j=1}^{q} f_j = \frac{1}{q+1}$$

Eine Differenzierung der einzelnen Anteile erhält man dadurch, dass man die einzelnen Elemente **gewichtet**:

**7.2.3 Gleichung**
$$c_j \cdot f_j = \frac{c_j}{q(q+1)}$$

Dann ergibt sich für die Wahrscheinlichkeit der Entwicklungshindernisse:

**7.2.4 Gleichung**
$$F_u = \sum_{j=1}^{q} c_j f_j$$

Insgesamt ergibt sich für die **Wahrscheinlichkeit der Entwicklungshindernisse**:

**7.2.5 Gleichung**
$$\boxed{F_u = \frac{1}{q(q+1)} \sum_{j=1}^{q} c_j}$$

**Gleichung 7.2.5 ist der allgemeinste Ansatz der gemacht werden kann, für eine beliebige Menge Q von** Entwicklungshindernissen, **die in ihrer Einwirkung durch die** $c_j$ **noch gewichtet werden können.**

In einem **ersten Ansatz** wird davon ausgegangen, dass alle Teile gleichwertig wirken, somit die Gewichtungsfaktoren alle eins sind, also Gleichung 7.2.2 gilt:

**7.2.6 Ansatz**

**Die Gewichtungsfaktoren werden gleich eins gesetzt:**
$$c_1 = c_2 = \ldots = c_j = \ldots = c_n = 1$$

Hier sind **7** Komponenten genannt die Entwicklungshindernisse darstellen.

Es gilt für die Einzelwahrscheinlichkeit: $f_j$ = **1:56**

Daher können auch **7** Fehlschläge auftreten.
Somit ist die Chance, dass Entwicklung entsteht **1 zu 8**. Das entspricht einem Anteil von **12,5%**.
Der Wahrscheinlichkeitsfaktor für Entwicklung beträgt demnach:
$F_u$ = **0,125 = 1:8**

Dieser Ansatz wird in allen folgenden Betrachtungen als Grundlage der Berechnungen benutzt.


## 7.3 - Alter einer Zivilisation

Die heutige Menschheit existiert seit etwa 300.000 Jahren [147] und man kann davon ausgehen, dass sie auch noch mal 100.000 Jahre länger existieren wird. Zum Vergleich: die Kultur des Neandertalers existierte etwa 250.000 Jahre.
In Anbetracht der Überlegungen aus Kapitel 6.1 zu den Entwicklungsstufen, wo die mittlere Lebensdauer mit $\Sigma T_m$ = 342.980 Jahren bzw. die minimale Entwicklungsdauer, in einem ersten Ansatz ermittelt worden ist, kann jetzt definiert werden:

**7.3.1 Axiom**   **Die minimale Lebensdauer einer technologischen Zivilisation wird auf L = 400.000 Jahre angesetzt.**

Man kann voraus setzen, dass eine Zivilisation mindestens doppelt so lang existiert, wie von der minimalen Lebensdauer vorgegeben.

**7.3.2 Axiom**   **Die mittlere Lebensspanne einer technologischen Zivilisation wird auf $L_{sp}$ = 400.000 - 800.000 Jahre angesetzt.**

Man kann voraus setzen, dass eine alte Zivilisation mindestens dreimal so alt ist, wie von der minimale Lebensdauer vorgegeben. Dies erlaubt folgende Definition:

**7.3.3 Axiom**   **Unter einer <u>alten</u> Zivilisation ist eine Kultur zu verstehen, die mindestens 1,2 Millionen Jahre alt ist.**

## 7.4 - Alte Zivilisationen in der Galaxie

Aus dem Grundmodell 6.3.3 entsteht folgende Gleichung:

**7.4.1 Gleichung**

$$N_{ue} = N_{ze} \cdot F_u$$
$$N_{ue} = A \cdot F_{sph} \cdot F_{gae} \cdot F_{Liz} \cdot F_u$$

**Die Gleichung 7.4.1 beinhaltet alle *planetaren, biologischen* sowie *zivilisatorischen* Faktoren, welche die Entwicklung einer Zivilisation, durch eine intelligente Spezies, auf einer „Erde 2", in einem G-Sternsystem, in unserer Galaxie, beeinflussen können.**

Es ist davon auszugehen, dass die alten Zivilisationen sich aus der Menge der raumfahrenden Zivilisationen herausbilden. Daher ist $F_z$ = **225:7.301** und $F_{Liz}$ = **1:4.218**.

Einsetzen aller Werte ($F_e$ = 0,1) in die Gleichung 7.4.1 liefert:

$N_{ue1}$ = (100-300)$\cdot 10^9$ · 1:15.000 · 1:86 · 1:4.218 · 1:8
**$N_{ue1}$ = 3 – 7      „Erden 2" mit alten Zivilisationen**

Einsetzen aller Werte ($F_e$ = 0,01) in die Gleichung 7.4.1 liefert:

$N_{ue2}$ = (100-300)$\cdot 10^9$ · 1:15.000 · 1:861 · 1:4.218 · 1:8
**$N_{ue2}$ = 1 – 2      „Erden 2" mit alten Zivilisationen**

Die beiden Ergebnisse lassen sich dann zusammenfassen, zu folgender Aussage:

**7.4.2 Satz      Es könnten zwischen 1 bis 7 alte technologische Zivilisationen, auf einer „Erde 2", in einem sonnenähnlichen Sternsystem, in unserer Galaxie existieren.**

Die Wahrscheinlichkeit für eine habitable „Erde 2" mit einer alten technologischen Zivilisation, in sonnenähnlichen Sternsystemen, in unserer Galaxie, beträgt dann:

**7.4.3 Definition      $F_{ue} = F_{sph} \cdot F_{gae} \cdot F_{Liz} \cdot F_u$**

$F_{ue}$      = $F_{sph} \cdot F_{gae} \cdot F_{Liz} \cdot F_u$
$F_{ue}$      = 1:15.000 · (1:86-1:861) · 1:4.218 · 1:8
$F_{ue}$      = 1:25.392.690.000 – 1:254.294.910.000

Nur jedes **25,392 – 254,294 Milliardste** Sternsystem besitzt eine „Erde 2" mit einer alten technologischen Zivilisation.

### 7.4.4 Maximalbetrachtung

Nach den bisherigen Maximalbetrachtungen können 15 Mal so viele „Erden 2" auftreten wie aus dem Modell vorgegeben.
Somit können auch 15 Mal so viele alte Zivilisationen entstehen wie abgeleitet. Somit ergibt sich maximal 15 bis 105 alte technologische Zivilisationen in der Galaxie.
Bei etwa 105 alten Zivilisationen wäre nach Kapitel 17 die Galaxie bereits übervölkert, was aber unwahrscheinlich ist. Daher fällt auch hier der 15-fache Wert als zu groß aus.

## 7.5 - Zeitliche Verteilung von Zivilisationen

Mit den bisher ermittelten Wahrscheinlichkeiten lässt sich eine Rückrechnung anstellen, wie viele Zivilisationen es seit der Entstehung der Galaxie gegeben haben könnte. Daraus lässt sich eine hypothetische **Zivilisationsentstehungsrate** ermitteln, die Aufschluss über die Häufigkeit von intelligentem Leben in der Galaxie geben kann.

**R** ist die mittlere Sternentstehungsrate pro Jahr in unserer Galaxie. Je nach dem, ob man Galaxien, Sternhaufen oder stellare Nebel betrachtet, schwankt der Wert für **R** zwischen 4 und 19. Der Mittelwert beträgt dann 11,5. [148]
$T_g$ ist das Alter unserer Galaxie, mit 13,2 Milliarden Jahre. [32]

Es wird zunächst **S** die Anzahl der Sterne ermittelt, die seit Entstehung der Galaxie entstanden sind.

### 7.5.1 Gleichung $\qquad$ $S = R{\cdot}T_g$

Im nächsten Schritt wird die maximale Anzahl der Zivilisationen bestimmt, die seit Entstehung der Galaxie, möglich sein könnten. Dabei werden die **entfernt erdähnlichen Planeten** als Maßstab genommen.
$F_{ia}$ ist die Wahrscheinlichkeit für entfernt erdähnliche Planeten, mit intelligentem Leben, in dieser Galaxie. Nach den bisherigen Definitionen und nach den Regeln dieses Modells beträgt die Wahrscheinlichkeit:

$$\mathbf{F_{ia}} \quad = \mathbf{F_{sph}} \cdot \mathbf{F_g} \cdot \mathbf{F_a} \cdot \mathbf{F_L} \cdot \mathbf{F_i}$$

Dann lässt sich die Anzahl **M** der intelligenten Spezies, die in der Zeitspanne $\mathbf{T_g}$ entstanden sind, so ermitteln:

**7.5.2 Gleichung**

$$\mathbf{M} \quad = \mathbf{S} \cdot \mathbf{F_{ia}}$$
$$\mathbf{M} \quad = \mathbf{R} \cdot \mathbf{T_g} \cdot \mathbf{F_s} \cdot \mathbf{F_p} \cdot \mathbf{F_h} \cdot \mathbf{F_g} \cdot \mathbf{F_a} \cdot \mathbf{F_L} \cdot \mathbf{F_i}$$

Gleichung 7.4.2 lässt sich noch umformen in:

$$\mathbf{M} \quad = \mathbf{R} \cdot \mathbf{T_g} \cdot \mathbf{F_{sph}} \cdot \mathbf{F_{ga}} \cdot \mathbf{F_{Li}}$$

Für die Faktoren werden die, bisher ermittelten, Werte benutzt:

| | | | |
|---|---|---|---|
| $R$ = | 11,5 | | mittlere Sternentstehungsrate |
| $T_g$ = | 13,2 Milliarden | | Alter unserer Galaxie |

| | | | |
|---|---|---|---|
| $F_s$ = | 0,28 | = 7:25 | sonnenähnliche Sternsysteme |
| $F_p$ = | 0,014.2 | = 1:70 | Sternsysteme mit Planeten |
| $F_h$ = | 0,016.6 | = 1:60 | Planeten in habitablen Zonen |
| $F_g$ = | 0,361 | = 100:277 | etwa erdgroße Planeten |
| $F_a$ = | 0,321.5 | = 100:311 | entfernt erdähnliche Planeten |
| $F_L$ = | 0,1 | = 1:10 | Planeten mit Leben |
| $F_i$ = | 0,076.9 | = 1:13 | Planeten mit intelligenten Spezies |

| | | |
|---|---|---|
| $F_{sph}$ | = 0,28 | = 1:15.000 |
| $F_{ga}$ | = 0,116.08 | = 50:431 |
| $F_{Li}$ | = 0,007.69 | = 1:130 |

Einsetzen der Werte in Gleichung 7.5.2 liefert das folgende Ergebnis. Seit der Entstehung der Galaxie sind demnach wahrscheinlich **M = 9.030 intelligente Spezies** entstanden. Damit lässt sich die mittlere Zivilisationsentstehungsrate ermitteln:

**7.5.3 Gleichung**

$$Z = \frac{T_G}{M}$$

$$\boxed{Z = \frac{1}{R \cdot F_s \cdot F_p \cdot F_h \cdot F_g \cdot F_a \cdot F_L \cdot F_i}}$$

Es ergibt sich eine mittlere **Zivilisationsentstehungsrate** von **Z = 1.461.794 Jahre pro Zivilisation.**

Die Zivilisationsentstehungsrate ist die mittlere Zykluszeit zwischen dem Erscheinen zweier Zivilisationen. Das lässt eine allgemeine Definition für **alte** Zivilisationen zu.

**7.5.4 Definition**   **Unter einem *Zivilisationszyklus* ist die, durch die Zivilisationsentstehungsrate, definierte Zeitspanne zu verstehen.**

**7.5.5 Axiom**   Unter einer <u>alten</u> Zivilisation ist eine Kultur zu verstehen, die mindestens einen *Zivilisationszyklus* überlebt hat.

**7.5.6 Satz**   **Unter einer <u>alten</u> Zivilisation ist eine Kultur zu verstehen, die mindestens 1,5 Millionen Jahre alt ist.**

## 7.6 - Besucher

Nach Satz 7.4.2 existieren **1 – 7** alte technologische Zivilisationen, in unserer Galaxie, die interstellare Raumfahrt betreiben. Es könnten maximal sogar bis zu **105** sein.

Wirklich alte Zivilisationen, also diejenigen die seit mehr als 1,2-1,5 Millionen Jahren bestehen, werden im Laufe ihrer Geschichte, daher einige Spezies gesehen haben, wie sie entstanden sind, sich entwickelten und wieder ausstarben.

Unsere Zivilisation mit ihren wenig mehr als 300.000 Jahren, ist im Vergleich mit den gezeigten „galaktischen" Zeiträumen recht jung. Wir haben die technologische Stufe, somit Stufe 6, erst vor 200 Jahren erklommen und sind gerade dabei die multiplanetare Stufe, also Stufe 7, zu entwickeln. Auf der galaktischen Ebene (Stufe 8) stellen wir allenfalls Neulinge dar.

Dann haben diese alten Zivilisationen jeweils mindestens 1 Millionen Jahre Zeit gehabt, die Galaxie zu erforschen und zu kartografieren.

Folglich ist es fast unmöglich, dass sie die Erde dabei übersehen haben. Daher ist es logisch und wahrscheinlich, dass sie hier auch gelandet sind.

Alte außerirdische Zivilisationen könnten die Menschheit daher schon seit Anbeginn ihrer Entwicklung besucht und kontaktiert haben. Das lässt folgende Hypothese zu:

**7.6.1 Satz**   **Die Erde, sowie die Menschheit seit Anbeginn ihrer Existent, sind in der Vergangenheit, mehrfach von außerirdischen Spezies besucht worden.**

Diese Hypothese wird durch die Funde und Erkenntnisse der Archäologie und der Prä-Astronautik [149] unterstützt.
Es existieren harte Artefakte wie der Bohrkern 7 aus dem Gizeh-Plateau, die Kupfer-Zink-Stangen aus einem Schiffswrack vor Sizilien, der Aluminiumkeil in Rumänien, die Goldflieger aus Südamerika u.a. die bezeugen, dass früher ein hoher technologischer Stand vorhanden war, der dem unseren gleichbürtig bzw. überlegen war. [150]
Weiterhin existieren Artefakte wie Höhlenmalereien, Gebäude, Schädel, mittelalterliche Gemälde sowie weitere Indizien in Sagen, Mythen und Legenden der Völker, wie z.B. das Mahabharata [151] in dem von fliegenden Städten und Göttern erzählt wird.

Nach Satz 6.6.2 existieren wahrscheinlich **2 – 55** technologische Zivilisationen, in unserer Galaxie, die interstellare Raumfahrt betreiben. Es könnten maximal sogar bis zu **825** sein.
Es ist daher wahrscheinlich, dass sie uns auch heute noch besuchen. Als Indiz kann hier das UFO-Phänomen herangezogen werden. (siehe auch Kapitel 18 - Das Fermi-Paradoxon)

Weiterhin existieren inzwischen mehrere internationale und auch deutsche Organisationen die UFO-Sichtungen bzw. Vorfälle registrieren. Am bekanntesten sind:

### NARCAP

*National Aviation Reporting Center on Anomalous Phenomena* – eine Organisation, die es Piloten, Luftraumüberwachungspersonal, Radaroperatoren oder anderem professionellem Personal diskret gestattet Meldung, zu allen ungewöhnlichen Vorfällen im Luftraum, zu machen. [152]

### MUFON

Das *Mutual UFO Network* (MUFON) ist eine amerikanische Organisation, welche sich die wissenschaftliche Erforschung des UFO-Phänomens, seit 1969, zur Aufgabe gemacht hat. Sie ist eine der größten und ältesten Organisationen weltweit in diesem Themengebiet und verfügt über Ableger in mehreren Ländern der Welt, auch in Deutschland, vertreten durch die *MUFON-CES*. [153]

### GEP

Die *Gesellschaft zur Erforschung des UFO-Phänomens* (GEP e.V.) ist die größte als gemeinnützig anerkannte, wissenschaftliche Vereinigung in Deutschland. Sie beschäftigt sich hauptsächlich mit der Erforschung des Ufo-Phänomens.

Die GEP wurde im Jahr 1972 gegründet und sie gibt die
Zeitschrift *jufof* heraus. [154]

## *DEGUFO*

Die *DEGUFO* beschäftigt sich mit der Sammlung und möglichen Aufklärung von UFO Sichtungen im deutschsprachigen
Raum und versucht wertefrei an die Aufklärung Ihrer Sich-
tungsmeldungen heranzugehen und publiziert dies in ihrer
Zeitschrift *DEGUFORUM*. [155]

UFO-Sichtungen sind seit dem Mittelalter bekannt und seit dem
19ten Jahrhundert dokumentiert und es liegen bis heute, allein bei
MUFON im *„Hangar 1"*, über **70.000** Fälle vor.

Seit dem Fall der Sowjetunion haben einige russische Archive geöff-
net und so sind hunderte Sichtungen in Russland bekannt geworden.
Außerdem gibt es hunderte von Sichtungen im asiatischen Raum
und in Südamerika und zwar jedes Jahr.

Das UFO-Phänomen ist **real** und **global**. [130] Und ein Teil davon
kann durch die **extraterrestrische Hypothese** erklärt werden. Das
erlaubt die folgende Hypothese aufzustellen:

**7.6.2 Satz**      **Unser Planet wird auch heute noch von anderen
Spezies besucht.**

# 8 – Allgemeines Grundmodell

## 8.1 - Sternsysteme und Spektralklassen

Das, in den Kapiteln 1 bis 7, behandelte „Spezielle Grundmodell" kann auch auf nicht sonnenähnliche Systeme übertragen werden. Gleichung 1.4.1 für sonnenähnliche Sternsysteme lässt sich verallgemeinern, so dass sie für **beliebige** Sternenmengen einer Spektralklasse in der Galaxie gilt.

Bezogen auf alle Sternsysteme **A** in unserer Galaxie ergibt sich die Anzahl $N_X$ einer Menge von Sternsystemen, mit:

### 8.1.1 Gleichung $\qquad N_X = A \cdot F_X$

$F_X$ ist dabei die Wahrscheinlichkeit für das Auftreten einer Menge von Sternen, die eine bestimmte **Eigenschaft** besitzen.
Eine natürliche Ordnung der Sterne ist durch das System der **Spektralklassen** gegeben. [156] Wobei im Speziellen Grundmodell ja schon die Spektralklasse der G-Sterne benutzt wurde.
Gleichung 8.1.1 gilt somit für die Sternenmenge einer beliebigen Spektralklasse. Damit lässt sich das bisher abgeleitete Konzept auf alle Sternenmengen anwenden, für die Beobachtungsdaten vorliegen.

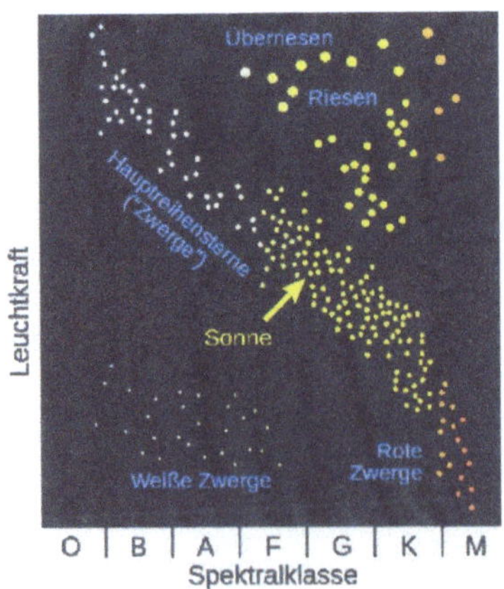


Die Sonnen unserer Galaxie werden im sogenannten **Hertzsprung-Russel-Diagramm** [157] wiedergegeben, nach Farben und Leuchtkraft angeordnet. Es existieren gesamt **13** Spektraltypen.
Wobei die Spektraltypen **O, B, A, F, K**, also die blauen, die blau-weißen, weißen, die weiß-gelben und die orangen Spektralfarben etwa **1 %** der Gesamtsterne ausmachen.
Hinzu kommen noch die Braunen Zwerge und die roten Riesen, also die Spektralklassen **L, T, Y, R, N, S**, die ebenfalls **1 %** der Gesamtsterne aus-

machen.

Zwei Klassen sind bisher bekannt geworden. Und zwar die Menge der sonnenähnlichen **G-Sterne**, mit einer gelben Spektralfarbe und der Wahrscheinlichkeit $F_s = 0,28 = 7:25$.

Sowie die Menge der Roten Zwerge, also **M-Sterne** mit einer rot-orangen Spektralfarbe und einer Wahrscheinlichkeit von $F_{RZ} = 0,7 = 7:10$. Damit machen die beiden Spektralklassen **98 %** der Gesamt-sterne in der Galaxie aus.

## 8.2 - Habitable Planeten

Betrachtet man nur die Planeten, lässt sich eine Gleichung für die Wahrscheinlichkeit eines **habit-ablen Planeten**, in einem beliebi-gen Sternsystem, aufstellen. [20]

**8.2.1 Definition**

$$\boxed{F_{ph} = F_p \cdot F_h}$$

Man kann also die gerundeten Werte benutzen.

$F_{ph}$ $\quad = 201:14.000 \cdot 10:603 = 1:70 \cdot 1:60$
$F_{ph}$ $\quad = 1:4.200$

Unter **4.200** Sternsystemen ist wahrscheinlich eines, welches Plane-ten besitzt, von denen mindestens einer ein habitabler Planet ist.

Dann gilt für die Menge aller Sternsysteme einer Spektralklasse, die habitable Planeten besitzen:

**8.2.2 Gleichung**

$$N_{phx} = N_X \cdot F_{ph}$$
$$N_{phx} = A \cdot F_X \cdot F_{ph}$$

Wichtig ist hier, dass alle Faktoren durch entsprechende Instrumente der Beobachtung, also empirisch, auf Dauer bestimmt werden kön-nen. Nach Satz 6.1.2 dürfte das in den nächsten zwei Jahrhunderten der Fall sein.

Die Menge aller Sternsysteme $N_{phxGal}$ in der Galaxie, mit Planeten und mindestens einem in der habitablen Zone, ist dann die Summe über alle Spektralklassen hinweg:

$$N_{phxGal} = \Sigma N_{phx} = \Sigma(A \cdot F_X \cdot F_{ph})$$

Da **A** für alle Spektralklassen gleich bleibt, kann **A** aus der Summe
gezogen werden:

**8.2.3 Gleichung**  $\boxed{N_{phxGal} = \Sigma N_{phx} = A \cdot \Sigma(F_X \cdot F_{ph})}$

Genau genommen müssten die Wahrscheinlichkeiten $F_p$ und $F_h$ und
damit $F_{ph}$ für jede Spektralklasse einzeln ermittelt werden.
Da das derzeit aber noch nicht möglich ist, kann man eine Überschlagsrechnung bzw. **Maximaleinschätzung** dadurch erreichen,
indem man in einem ersten Ansatz gleiche bzw. ähnliche Häufigkeiten der Planetenverteilungen in den Spektralklassen annimmt.
Geht man, in einer ersten Annahme, davon aus, dass auch andere
Sternsysteme, also nicht sonnenähnliche Sterne, eine gleiche oder
ähnliche Planetenhäufigkeit aufweisen, so kann man rechnerisch
überschlagen, wie viele Systeme maximal mit habitablen Planeten
existieren könnten.

**8.2.4 Ansatz**   In Sternsystemen, die nicht sonnenähnlich sind,
bestehen wahrscheinlich die gleichen oder ähn-
liche Häufigkeiten, für habitable Planeten, wie in
sonnenähnlichen Systemen.

Unter einer ersten Vorraussetzung, dass $F_p$ und $F_h$ für alle Spektralklassen gleich bleiben (Ansatz 8.2.4), können auch sie aus der
Summe (Gleichung 8.2.3) gezogen werden:

$$N_{phxGal} = \Sigma N_{phx} \approx A \cdot F_p \cdot F_h \cdot \Sigma(F_X)$$

Die Summe über alle Spektralklassen (für die Wahrscheinlichkeiten
$F_X$) ergibt die Gesamtheit der Sterne in der Galaxie, also gilt:

$$\Sigma(F_X) = 1$$

Damit ergibt sich näherungsweise aus dem Ansatz 8.2.4:

**8.2.5 Gleichung**   $N_{phxGal} = \Sigma N_{phx} \approx A \cdot F_{ph}$

Ausgangspunkt sind 100 - 300 Milliarden Sonnensysteme, in der Galaxie, und Einsetzen aller Werte in die Gleichung 8.2.5 ergibt:

**8.2.6 Satz**   **Die Menge aller Sternsysteme in der Galaxie mit
Planeten und mindestens einem in der habita-**

**blen Zone, beträgt maximal wahrscheinlich 23,81 bis 71,42 Millionen.**


## 8.3 - „Erden 2"

Analog zum bisherigen Speziellen Grundmodell kann man auch hier die Gleichung 3.1.1 bzw. 3.3.4 für habitable „Erden 2" in sonnenähnlichen Systemen so verallgemeinern, dass sie für allgemeine Sternsysteme, mit **habitablen, erdähnlichen Planeten** gilt:

**8.3.1 Gleichung**

$$N_{hex} = N_{phx} \cdot F_{gae}$$
$$N_{hex} = A \cdot F_X \cdot F_{ph} \cdot F_{gae}$$

Die Anzahl $N_{hexGal}$ aller Sternsysteme mit habitablen, erdähnlichen Planeten in der Galaxie, ist dann die Summe über alle Spektralklassen hinweg:

**8.3.2 Gleichung**

$$N_{hexGal} = \Sigma N_{hex} = A \cdot \Sigma(F_X \cdot F_{ph} \cdot F_{gae})$$

Geht man davon aus, dass auch die anderen Sternsysteme, also nicht sonnenähnliche Sterne, eine gleiche oder ähnliche Planetenhäufigkeit aufweisen, so kann man überschlagsweise ermitteln, wie viele Systeme mit habitablen „Erden 2" existieren könnten.

**8.3.3 Ansatz** **In Sternsystemen, die nicht sonnenähnlich sind, bestehen wahrscheinlich die gleichen oder ähnliche Häufigkeiten, für erdähnliche habitable Planeten, wie in sonnenähnlichen Systemen.**

Die Anzahl $N_{hexGal}$ aller Sternsysteme mit habitablen, erdähnlichen Planeten in der Galaxie ($\Sigma F_x = 1$), ergibt sich näherungsweise zu:

**8.3.4 Gleichung** $\quad N_{hexGal} = \Sigma N_{hex} \approx A \cdot F_{ph} \cdot F_{gae}$

Einsetzen aller Werte ($F_e = 0,1$) in die Gleichung 8.3.4 liefert:

$$N_{hexGal1} = (100\text{-}300) \cdot 10^9 \cdot 1{:}4.200 \cdot 1{:}86$$
**$N_{hexGal1}$ = 276.855 – 830.565    habitable „Erden 2"**

Einsetzen aller Werte ($F_e = 0,01$) in die Gleichung 8.3.4 liefert:

$N_{hexGal2}$ = (100-300)·$10^9$ · 1:4.200 · 1:861
$\mathbf{N_{hexGal2} = 27.685 - 83.056}$     **habitable „Erden 2"**

Die beiden Ergebnisse lassen sich dann zusammenfassen, zu folgender Aussage:

**8.3.5 Satz**     **Es könnten zwischen 27.700 bis 830.600 „Erden 2", in unserer Galaxie, existieren.**

**8.3.6 Satz**     **Es könnten maximal bis zu 1 Millionen „Erden 2", in unserer Galaxie, existieren.**

Die Wahrscheinlichkeit für habitable, erdähnliche Planeten in beliebigen Sternsystemen, in der Galaxie, beträgt dann:

**8.3.7 Definition**     $\mathbf{F_{hexGal} = F_{ph} \cdot F_{gae}}$
    $\mathbf{F_{hexGal} = F_p \cdot F_h \cdot F_g \cdot F_a \cdot F_e}$

$F_{hexGal}$   = $F_{ph} \cdot F_{gae}$
$F_{hexGal}$   = 1:4.200 · (1:86–1:861)
$F_{hexGal}$   = 1:361.200 – 1: 3.612.000

Nur jedes **361.200 – 3.612.000-te** Sternsystem bringt einen erdähnlichen Planten, in der habitablen Zone, hervor.

Es sei dem Leser zur Übung überlassen, die Berechnungen für Planeten mit Leben und Intelligenz selbst vorzunehmen. Ansonsten siehe die Tabelle am Ende des Buches (Seite 193).

## 8.4 - Technologische Zivilisationen

Analog zum bisherigen Grundmodell kann man auch hier Gleichung 6.3.3 für **technologische Zivilisationen** auf einer „Erde 2" in sonnenähnlichen Systemen, derart erweitern, dass sie für allgemeine Sternsysteme mit habitablen, erdähnlichen Planeten gilt, die Zivilisationen hervor gebracht haben:

**8.4.1 Gleichung**     $\mathbf{N_{zex} = A \cdot F_X \cdot F_{ph} \cdot F_{gae} \cdot F_{Liz}}$

Die Zahl $N_{zexGal}$ aller Sternsysteme, mit habitablen, erdähnlichen Planeten, mit technologischen Zivilisationen, in der Galaxie ist dann die Summe über alle Spektralklassen hinweg:

**8.4.2 Gleichung**

$$N_{zexGal} = \Sigma N_{zex} = A \cdot \Sigma(F_X \cdot F_{ph} \cdot F_{gae} \cdot F_{Liz})$$

**Gleichung 8.4.2 ist die Erweiterung des Gleichungssystems 6.3.3 und beinhaltet alle *planetaren und biologischen* Faktoren, welche die Entwicklung einer Zivilisation durch eine intelligente Spezies, auf einer „Erde 2" in der Galaxie, beeinflussen können.**

Im weiteren Verlauf dieser Abhandlung wird die Gleichung 8.4.2 daher als **„Allgemeines Grundmodell"** bezeichnet.

Genau genommen müssten die Wahrscheinlichkeiten $F_{ph}$, $F_{gae}$, $F_{Liz}$ für jede Spektralklasse einzeln ermittelt werden. Mathematisch exakt ausgedrückt:

$$N_{zexGal} = A \cdot \sum_{x=1}^{13} (F_x \cdot F_{phx} \cdot F_{gaex} \cdot F_{Lizx})$$

Das sind insgesamt 118 Variable die zu ermitteln wären. Da das heute und in naher Zukunft aber noch nicht möglich ist, kann man eine Überschlagsrechnung bzw. Maximaleinschätzung dadurch erreichen, indem man, in einem ersten Ansatz, gleiche bzw. ähnliche Häufigkeiten annimmt.
Geht man davon aus, dass auch nicht sonnenähnliche Sterne, eine gleiche oder ähnliche Häufigkeit für technologische Zivilisationen aufweisen, so kann man eine Überschlagsrechnung machen, wie viele Systeme mit habitablen „Erden 2" , die Zivilisationen tragen, existieren könnten.

**8.4.3 Ansatz**

**In Sternsystemen, die nicht sonnenähnlich sind, bestehen wahrscheinlich die gleichen oder ähnliche Häufigkeiten, für erdähnliche Planeten, mit Zivilisationen, wie in sonnenähnlichen Systemen.**

Die Zahl $N_{zexGal}$ aller Sternsysteme mit habitablen, erdähnlichen Planeten, mit technologischen Zivilisationen in der Galaxie ($\Sigma F_x = 1$), ergibt sich dann näherungsweise zu:

**8.4.4 Gleichung** $\qquad N_{zexGal} = \sum N_{zex} \approx A \cdot F_{ph} \cdot F_{gae} \cdot F_{Liz}$

Einsetzen aller Werte ($F_e = 0{,}1$) in die Gleichung 8.4.4 liefert:

$N_{zexGal1} = (100\text{-}300)\cdot10^9 \cdot 1{:}4.200 \cdot 1{:}86 \cdot 1{:}1.040$
$\mathbf{N_{zexGal1} = 266 - 800}$     **technologische Zivilisationen**

Einsetzen aller Werte ($F_e = 0{,}01$) in die Gleichung 8.4.4 liefert:

$N_{zexGal2} = (100\text{-}300)\cdot10^9 \cdot 1{:}4.200 \cdot 1{:}861 \cdot 1{:}1.040$
$\mathbf{N_{zexGal2} = 27 - 80}$     **technologische Zivilisationen**

Die beiden Ergebnisse lassen sich zusammenfassen:

**8.4.5 Satz**     **Die Anzahl der Sternsysteme in der Galaxie, mit erdähnlichen Planeten, in habitablen Zonen, die technologische Zivilisationen tragen könnten, ergibt sich maximal wahrscheinlich zwischen 27 und 800.**

Die Wahrscheinlichkeit einen erdähnlichen Planeten mit einer technologischen Zivilisation, zu finden beträgt dann:

**8.4.6 Definition**     $F_{zexGal} = F_{ph} \cdot F_{gae} \cdot F_{Liz}$

$F_{zexGal} = 1{:}4.200 \cdot (1{:}86\text{-}1{:}861) \cdot 1{:}1.040$
$F_{zexGal} = 1{:}375.648.000 - 1{:}3.756.480.000$

Nur jedes **375,648 Millionste – 3,756 Milliardste** Sternsystem besitzt dann einen erdähnlichen Planeten, mit einer technologischen Zivilisation.

**Bemerkung:**
Verteilt man die maximal vorhandenen vergleichbaren **800** Zivilisationen gleichmäßig in der Galaxie, so liegen im Mittel etwa **3.154 Lichtjahre** zwischen ihnen.

## 8.5 - Weitere Zivilisationen

Es sei dem Leser zur Übung überlassen die Berechnungen für vergleichbare, raumfahrende Zivilisationen selber vorzunehmen. Daher hier nur die Ergebnisse:

**8.5.1 Satz** **Die Anzahl der Sternsysteme in der Galaxie mit erdähnlichen Planeten, in habitablen Zonen, die vergleichbare Zivilisationen tragen könnten, ergibt sich maximal wahrscheinlich zwischen 20 und 607.**

**8.5.2 Satz** **Die Anzahl der Sternsysteme in der Galaxie mit erdähnlichen Planeten, in habitablen Zonen, die raumfahrende Zivilisationen tragen könnten, ergibt sich maximal wahrscheinlich zwischen 7 und 197.**

Aus dem Allgemeinen Grundmodell 8.4.2 kann die Zahl $N_{ueGal}$ aller Sternsysteme mit habitablen, erdähnlichen Planeten, mit **alten** Zivilisationen in der Galaxie, abgeleitet werden:

**8.5.3 Gleichung** $\quad N_{ueGal} = A \cdot \Sigma(F_X \cdot F_{ph} \cdot F_{gae} \cdot F_{Liz} \cdot F_u)$

$$N_{ueGal} \approx A \cdot F_{ph} \cdot F_{gae} \cdot F_{Liz} \cdot F_u$$

Einsetzen aller Werte ($F_e = 0,1$) in die Gleichung 8.5.3 liefert:

$N_{ueGal1} = (100\text{-}300) \cdot 10^9 \cdot 1{:}4.200 \cdot 1{:}86 \cdot 1{:}4.218 \cdot 1{:}8$
**$N_{ueGal1}$ = 8 – 25 alte Zivilisationen**

Einsetzen aller Werte ($F_e = 0,01$) in die Gleichung 8.5.3 liefert:

$N_{ueGal2} = (100\text{-}300) \cdot 10^9 \cdot 1{:}4.200 \cdot 1{:}861 \cdot 1{:}\,4.218 \cdot 1{:}8$
**$N_{ueGal2}$ = 1 – 3** $\qquad$ **alte Zivilisationen**

Die beiden Ergebnisse lassen sich dann zusammenfassen, zu folgender Aussage:

**8.5.4 Satz** **Die Anzahl der Sternsysteme in der Galaxie mit erdähnlichen Planeten, in habitablen Zonen, die alte Zivilisationen tragen könnten, ergibt sich maximal wahrscheinlich zwischen 1 und 25.**

## 8.6 - Vergleich

Das Spezielle Grundmodell 6.4.1 liefert **8 – 224** technologische Zivilisationen auf habitablen, erdähnlichen Planeten, in sonnenähnlichen Sternsystemen. Das Allgemeine Grundmodell 8.4.5, liefert **27 – 800** technologische Zivilisationen auf habitablen, erdähnlichen Planeten, in beliebigen Sternsystemen.

Das Spezielle Grundmodell 6.5.1 liefert **6 – 170** vergleichbare Zivilisationen auf habitablen, erdähnlichen Planeten, in sonnenähnlichen Sternsystemen. Das Allgemeine Grundmodell 8.5.1, liefert **20 – 607** vergleichbare Zivilisationen auf habitablen, erdähnlichen Planeten, in beliebigen Sternsystemen.

Das Spezielle Grundmodell 6.6.2 liefert **2 – 55** raumfahrende Zivilisationen auf habitablen, erdähnlichen Planeten, in sonnenähnlichen Sternsystemen. Das Allgemeine Grundmodell, 8.5.2 liefert **7 – 197** raumfahrende Zivilisationen auf habitablen, erdähnlichen Planeten, in beliebigen Sternsystemen.

Das Spezielle Grundmodell 7.4.2 liefert **1 – 7** alte Zivilisationen auf habitablen, erdähnlichen Planeten, in sonnenähnlichen Sternsystemen. Das Allgemeine Grundmodell 8.5.4 liefert **1 – 25** alte Zivilisationen auf habitablen, erdähnlichen Planeten, in beliebigen Sternsystemen.

Das Allgemeine Grundmodell für Sterne der Galaxie liefert 3 bis 4 mal **mehr** Zivilisationen als das Spezielle Grundmodell für habitable „Erden 2" in sonnenähnlichen Systemen. Insgesamt ergibt sich daraus:

**8.6.1 Gleichung**  $\boxed{N_{ZivGal} > N_{SZiv}}$

## 8.7 - Galaktische habitable Zone

2001 wurde das Konzept einer habitablen Zone, in der Leben wie auf der Erde entstehen kann, auf Galaxien erweitert. [158]

Ursprünglich bezog sich das Konzept der galaktischen habitablen Zone auf den chemischen Entwicklungsstand einer galaktischen Region, wonach genügend schwere Elemente in einer Region einer Galaxie vorhanden sein müssen, damit Leben entstehen kann.

Die meisten Elemente mit größeren Ordnungszahlen als Lithium entstehen im Laufe der Zeit durch Kernfusionsprozesse, die im Inneren der Sterne ablaufen. Beim Tod der Sterne werden diese Elemente in den interstellaren Raum abgegeben. In den inneren Regionen einer Galaxie läuft diese Nukleosynthese schneller ab als in den äußeren Regionen. Dieses führte zu der Annahme eines maximalen Radius der galaktischen habitablen Zone. Im Laufe der Zeit soll sich der Bereich nach außen hin vergrößern.

Diese Parameter sind einerseits sehr unsicher, andererseits kann man auch die Prämisse „Leben" mit der Sternentstehungsrate zu koppeln, in Frage stellen. So dass es durchaus möglich sein kann, dass auch die gesamte äußere Milchstraße bewohnbar ist. [159]

In den inneren Regionen einer Galaxie läuft die Nukleosynthese, in welcher die schweren Elemente erzeugt werden, schneller ab als in den äußeren Regionen.

Supernovaexplosionen finden bevorzugt in Regionen mit aktiver Sternbildung statt, d.h. hauptsächlich in der kugelförmigen Mitte einer Galaxie.

Befindet sich ein Stern mit einem Planeten zu dicht an einer Supernovaexplosion wird dadurch die Atmosphäre des Planeten so stark gestört, dass der Planet zu starker kosmischer Strahlung ausgesetzt wird, als dass sich dort Leben dauerhaft entwickeln könnte. [160]

Für Spiralgalaxien, wie der Milchstraße, steigt die Supernova-Rate zur inneren Region einer Galaxie an. Daher kann man hier auch einen inneren Radius der galaktischen habitablen Zone angeben.

Die innere Region der Galaxie macht etwa 8,5 % des Volumens der Galaxie aus. Da die Sterndichte hier größer ist als in den äußeren Regionen, kann man annehmen, dass sich hier etwa 10 – 15 % aller Sterne befinden.

In dieser Untersuchung wird mit einer maximalen Bandbreite von 100 - 300 Milliarden Sternen in der Galaxie gerechnet. Man müsste also diese Anzahl um den Faktor $F_{GZ}$ = 0,8 – 0,9 korrigieren, um der Sterndichte in der inneren Region Rechnung zu tragen. Bei 100 - 300 Milliarden Sternen spielt der Faktor 0,8 bzw. 0,9 aber keine wesentliche Rolle. **Er ist in der Fehlertoleranz der Bandbreite der Sternenanzahl dieser Maximalbetrachtung schon mit enthalten.**

Insgesamt kann man daher das Konzept einer galaktischen habitablen Zone für diese Untersuchung vernachlässigen.

Wenn in Zukunft (nach Satz 6.1.2 in etwa 200 Jahren) eine empirische Belegung aller Daten möglich sein wird, kann man das Konzept der galaktischen habitablen Zone auch wieder mit einbeziehen.

## 8.8 - Wahrscheinlichkeitsfaktoren

Hier die Werte für alle gefundenen Wahrscheinlichkeitsfaktoren:

| Symbol | Rate | Faktor | Bezeichnung |
|---|---|---|---|
| | | | |
| $F_s$ | 7:25 | 0,28 | sonnenähnliche Sterne |
| $F_p$ | 1:70 | 0,014.285 | Sterne mit Planeten |
| $F_h$ | 1:60 | 0,016.666 | Planeten in habitablen Zonen |
| $F_g$ | 100:277 | 0,361.010 | etwa erdgroße Planeten |
| $F_a$ | 100:311 | 0,321.543 | entfernt erdähnliche Planeten |
| $F_e$ | 1:100 – 1:10 | 0,01-0,1 | erdähnliche Planeten |

| Symbol | Rate | Faktor | Bezeichnung |
|---|---|---|---|
| $F_{sph}$ | 1:15.000 | 0,000.066 | Habitable Planeten, G-Stern |
| $F_{ph}$ | 1:4.200 | 0,000.238 | Habitable Planeten |
| $F_{gae}$ | 1:861 – 1:86 | 0,00116-0,0116 | Erdähnlichkeit |

| Symbol | Rate | Faktor | Bezeichnung |
|---|---|---|---|
| $F_L$ | 1:10 | 0,1 | Planeten mit Leben |
| $F_i$ | 1:13 | 0,076.923 | intelligente Spezies |
| $F_z$ | 1:7,943 | 0,125.895 | technologische Zivilisation |
| $F_z$ | 1:10,522 | 0,095.038 | vergleichbare Zivilisation |
| $F_z$ | 1:32,448 | 0,030.817 | raumfahrende Zivilisation |
| $F_u$ | 1:8 | 0,125 | alte Zivilisationen |

| Symbol | Rate | Faktor | Bezeichnung |
|---|---|---|---|
| $F_{Liz}$ | 1:1.040 | 0,000.961 | technologische Zivilisation |
| $F_{Liz}$ | 1:1.368 | 0,000.731 | vergleichbare Zivilisation |
| $F_{Liz}$ | 1:4.218 | 0,000.237 | raumfahrende Zivilisationen |

In den Kapiteln 1 bis 7 wurde das Grundmodell für sonnenähnliche Systeme entwickelt. In Kapitel 8 konnte das Grundmodell auf alle Sternsysteme der Galaxie ausgedehnt werden, wobei die ermittelten Werte als Maximalwerte zu verstehen sind.

**Somit steht eine Methode zur Verfügung, die es erlaubt die Anzahl der technologischen Zivilisationen in der Galaxie abschätzen zu können.**

In den folgenden Kapiteln 9, 10 werden zwei weitere Möglichkeiten der Ableitung für technologische Zivilisationen in der Galaxie behandelt, nämlich die **Drake-Gleichung** und die **Seager-Gleichung**.

# 8.9 - Symbole einiger Sterne

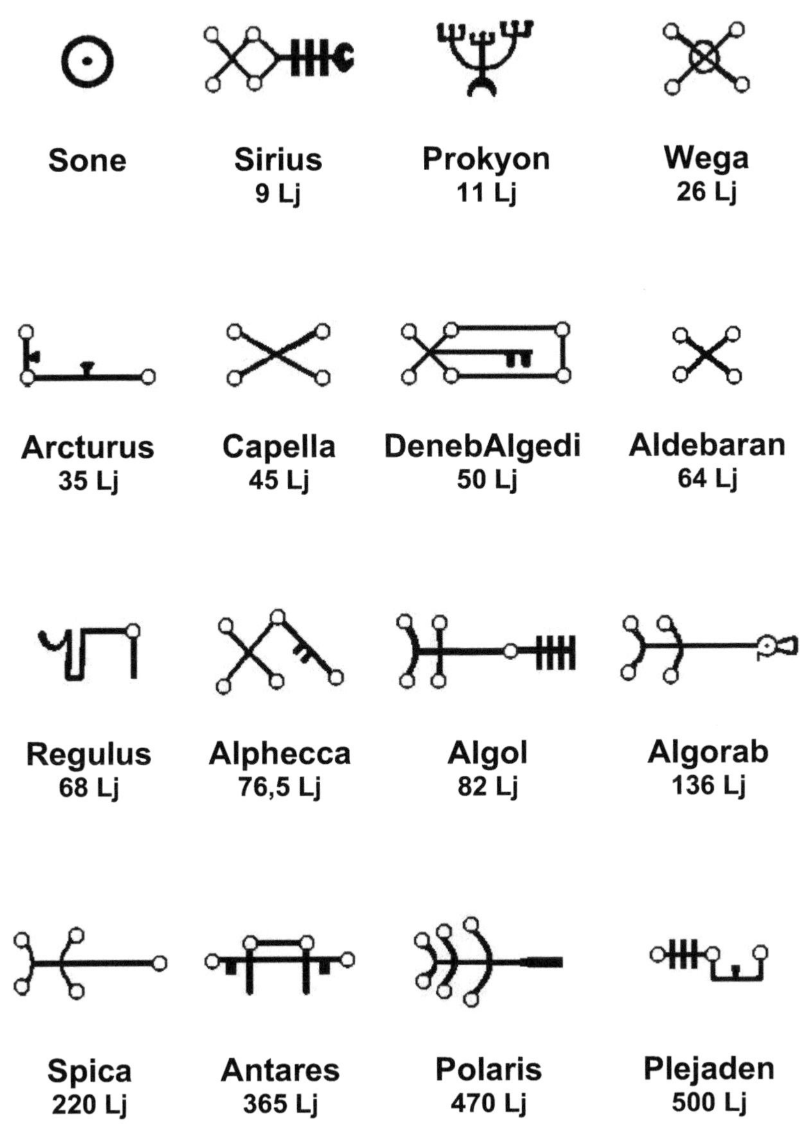

$$N = R \cdot f_p \cdot n \cdot f_L \cdot f_i \cdot f_c \cdot L$$
$$N = N^* \cdot f_Q \cdot f_{HZ} \cdot f_O \cdot f_L \cdot f_S$$

$$N_{ZivGal} = A \cdot \Sigma(F_X \cdot F_{ph} \cdot F_k \cdot F_{Liz})$$

# Teil 2

# Ergänzende Modelle

# 9 – Die Drake-Gleichung

## 9.1 - Die klassische Drake-Gleichung

Die *Drake-Gleichung* [161] dient zur **Abschätzung** der Anzahl der intelligenten Zivilisationen in unserer Milchstraße. Sie wurde von **Frank Drake** [162], einem Astrophysiker, aus der USA, entwickelt.

Im November 1960 trafen sich, zum ersten Mal, Wissenschaftler verschiedener Fachrichtungen in Green Bank, um über die Wahrscheinlichkeit extraterrestrischer Intelligenzen und der Suche nach ihnen zu diskutieren. Frank Drake war dabei für die wissenschaftlichen Inhalte, mögliche Denkansätze und Theorien verantwortlich.

Für die Konferenz schrieb Drake einige wichtige Diskussionspunkte auf und fragte sich in welcher Abfolge die Themen behandelt werden sollten. Alle Tagesordnungspunkte besaßen die gleiche Wichtigkeit, standen aber in keinem direkten Verhältnis zueinander.

Drake ordnete jeden Tagungspunkt einem symbolischen Faktor zu. Sodann zog er die einzelnen Faktoren zu einer, aus simplen Multiplikationen bestehenden, Formel zusammen. Auf diese Art sollte die Anzahl hoch entwickelter und kommunikationsbereiter Zivilisationen, in der Galaxie, bestimmt werden können.

Frank Drake stellte diese Gleichung auf der Konferenz vor und sie wird seitdem auch als *Green-Bank-Formel* oder *SETI-Gleichung* bezeichnet. [163] (Frank Drake benutzt andere Indizes, als in Definition 2.7.2 angegeben)

**9.1.1 Gleichung**

$$N = R \cdot f_p \cdot n \cdot f_L \cdot f_i \cdot f_c \cdot L$$

**R** ist die mittlere Sternentstehungsrate pro Jahr [148] in unserer Galaxie. Je nach dem ob man Galaxien, Sternhaufen oder stellare Nebel betrachtet schwankt der Wert für **R** zwischen 4 und 19. Der Mittelwert beträgt dann **11,5**. Der universelle Wert wird mit **1,45** angegeben.

$f_p$ ist die Wahrscheinlichkeit für ein Sternsystem mit Planeten. Hier wird der Wert aus den bisherigen Betrachtungen (Kapitel 1.5) genommen, also: $f_p$ = $F_p$ = **0,014.285 = 1:70**.

**n** ist die Anzahl der Planeten in der habitablen Zone. Da wahrscheinlich nur ein Planet in der habitablen Zone eine Zivilisation hervorbringt wird **n** gleich eins gesetzt. Die Erklärung dazu erfolgt weiter unten.

$f_L$ ist die Wahrscheinlichkeit für Planeten, die Leben aufweisen. Auch hier wird der Wert aus den bisherigen Betrachtungen (Kapitel 4.3) genommen, somit: **$f_L = F_L = 0,1 = 1{:}10$.**

$f_i$ ist die Wahrscheinlichkeit für Planeten mit intelligenten Spezies, die technologischen Zivilisationen hervor gebracht haben.
Der Ansatz ist hier: **$f_i = F_i \cdot F_z$**
Es wird der Wert aus den bisherigen Betrachtungen (Kapitel 5.4) für $F_i$ genommen, somit **$F_i = 0{,}076.923 = 1{:}13$.**
Es wird auch hier der Wert aus den bisherigen Betrachtungen (Kapitel 6.4) für $F_z$ genommen, somit: **$F_z = 1{:}8$.**

Damit gilt insgesamt: **$f_i = F_i \cdot F_z = 1{:}13 \cdot 1{:}8 = 1{:}104$.**

$f_c$ ist die Wahrscheinlichkeit für den Wunsch nach Kommunikation. Dieser Wert wird gleich **1** gesetzt. Die Erklärung dazu erfolgt weiter unten.

**L** ist die Lebensdauer einer technologischen Zivilisation. Wie im Axiom 7.3.1 definiert, wird die mittlere Lebensspanne auf minimal **400.000 - 800.000 Jahre** angesetzt.

**N** ist die Zahl der gegenwärtig vorhandenen (kommunikationswilligen und kommunikationsfähigen) technologischen Zivilisationen, in der Galaxie.

Die Drake-Gleichung kann jetzt teilweise als Funktionen der Parameter des Grundmodells ausgedrückt werden:

**9.1.2 Gleichung**      **$N = R \cdot F_p \cdot n \cdot F_L \cdot F_{iz} \cdot f_c \cdot L$**

Einsetzten der Werte, in die Drake-Gleichung 9.1.2:

$N = (1{,}45\text{-}19) \cdot 1{:}70 \cdot 1 \cdot 1{:}10 \cdot 1{:}104 \cdot 1 \cdot (400.000\text{-}800.000)$
**N = 8 - 209**      **außerirdische technologische Zivilisationen**

Äquivalent und damit vergleichbar zur Drake-Gleichung, ist die Gleichung 8.4.2 aus dem Allgemeinen Grundmodell, die alle technologischen Zivilisationen in der Galaxie, auf erdähnlichen Planeten, beschreibt.

Nach Satz 8.4.5 beträgt die Anzahl der Sternsysteme, in der Galaxie mit erdähnlichen Planeten, in habitablen Zonen, die technologische Zivilisationen tragen könnten, maximal wahrscheinlich zwischen **27 – 800**. Das Drake-Fenster liegt gut im unteren Bereich des verallgemeinerten Grundmodell-Fensters.

Somit ergibt sich eine Übereinstimmung des Drake-Fensters, mit den bisherigen Wahrscheinlichkeitsbetrachtungen aus dem Grundmodell (Kapitel 1-7) bzw. dem Allgemeinen Grundmodell (Kapitel 8).

Es lässt sich daraus schließen, dass der Wert im Grundmodell für einen erdähnlichen Planeten eher bei $F_e = 0,01$ liegt.


## 9.2 - Kritiken an der Drake-Gleichung

An der (bisherigen) Bandbreite der Wahrscheinlichkeitsfaktoren entzündet sich die Hauptkritik an der Drake-Gleichung. Es lassen sich doch für alle Faktoren Werte nach Belieben einsetzen. So das man einerseits zu dem Ergebnis kommen kann, dass wir die einzige Zivilisation in der Galaxie sind oder andererseits, dass wir nur eine Zivilisation unter Vielen sind.
In der Vergangenheit wurde die Drake-Gleichung daher öfters als eine Ansammlung von Unbekannten bezeichnet, die einfach deshalb unbekannt bleiben, weil sie nicht zu bestimmen wären. Und daher viel zu viel Raum für Spekulationen und Interpretationen lassen würde. [164] Die Drake-Gleichung wird daher auch manchmal als Pseudoformel bezeichnet.
Hier liegt jedoch ein Missverständnis vor. Die Drake-Gleichung ist keine Formel zur Berechnung der Anzahl von Zivilisationen in der Galaxie. Sie ist eine Wahrscheinlichkeitsbetrachtung die zur **Schätzung der Größenordnung** der Anzahl der Zivilisationen dient.

Man muss hier berücksichtigen, dass die meisten Kritiken aus Zeiten stammen, in denen die Behauptung, dass es Aliens gebe, fast schon als Sakrileg oder Ketzerei galt.
Wie die Daten des Keplerteleskopes aber inzwischen zeigen, reichen die gegenwärtigen Informationen schon aus, um den Faktor $f_p$ in der Drake-Gleichung annähernd bestimmen zu können.
Nach Satz 6.1.2 ist davon auszugehen, dass in den nächsten 200 Jahren auch die restlichen Faktoren hinreichend zu bestimmen sind, wenn die Menschheit selbst interstellare Raumfahrt beherrscht.

Die Kapitel 1 bis 8 haben bisher gezeigt, dass ein differenzierter An-

**128**

satz möglich ist. In den nächsten Abschnitten wird noch gezeigt, dass die Drake-Gleichung **kompatibel** zum Allgemeinen Grundmodell ist. Die Einwände gegen die Drake-Gleichung sind daher lediglich als temporäre Anfechtungen zu sehen, die sich in einer (wenn auch fernen) Zukunft als nichtig erweisen werden.

## 9.3 - Carl Sagan

**Carl Edward Sagan** [165] (*1934 – †1996) war ein bekannter amerikanischer Astronom und Astrophysiker.

Darüber hinaus betätigte er sich auch als Sachbuchautor und als Schriftsteller. Aber erst durch seine Arbeit als Fernsehmoderator erlangte Carl Sagan eine gewisse Bekanntheit in der Öffentlichkeit.

Sagan gilt als Mitbegründer der **Exobiologie** und er ebnete den Weg für die Suche nach außerirdischer Intelligenz **(SETI)**. [166]

Des Weiteren hat Carl Sagan zu vielen unbemannten Weltraummissionen beigetragen, die in der zweiten Hälfte des 20ten Jahrhunderts gestartet sind und unser Sonnensystem erforscht haben.

Es war seine Idee, eine Botschaft der Menschheit an eine Raumsonde anzubringen, die auch von einer außerirdischen Intelligenz verstanden werden könnte. Diese Idee realisierte er mit der Datenplatte *„Voyager Golden Record"* an den Raumsonden *Voyager 1* und der fast identischen *Voyager 2*. [167] [168]

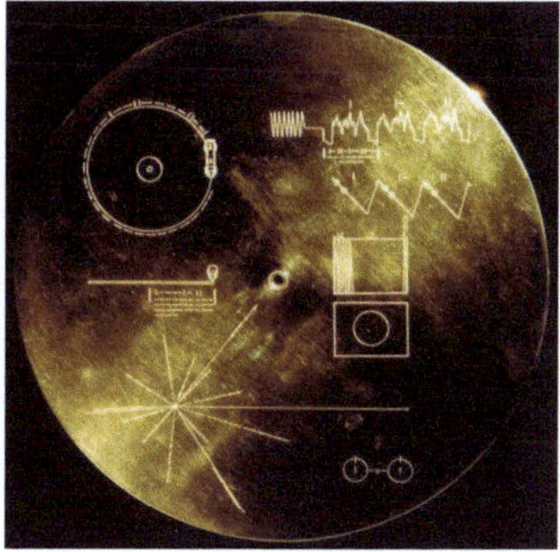

Carl Sagan beschäftigte sich auch intensiv mit der Drake-Gleichung und kam zu dem Schluss, dass Leben außerhalb der Erde durchaus möglich ist.
Bedingt durch die damalige Unsicherheit bezüglich der Wahrscheinlichkeitsfaktore gab er an, dass die Anzahl der Zivilisationen, in der Galaxie, zwischen 1 und 1 Million liegen könnte. [169]


## 9.4 - Die modifizierte Drake-Gleichung

An der Drake-Gleichung lassen sich aber noch folgende Kritikpunkte finden:

Der Faktor **n** stellt die Anzahl der habitablen Planeten dar. In unserem Sonnensystem existieren drei habitable Planeten. Und nur einer verfügt über Leben. Die dreifache Zahl von habitablen Planeten bedeutet also nicht, dass damit auch dreimal so viel Zivilisationen vorhanden sind. Im Grunde sucht man ja nur einen Planeten mit einer Zivilisation. Der Faktor **n** ist damit 1 und kann daher entfallen.
Den Faktor $f_c$ kann man ebenfalls auf 1 setzen. Wenn $f_c = 0{,}5$ heißt das nur, dass die Hälfte der Zivilisationen nicht kommunizieren will. Dadurch werden es aber **nicht weniger** Zivilisationen. Der Faktor $f_c$ kann ebenfalls vernachlässigt werden.
Das erlaubt die Drake-Gleichung zu transformieren. Die modifizierte Drake-Gleichung lautet:

**9.4.1 Gleichung**      $N = R \cdot f_p \cdot f_L \cdot f_i \cdot L$

Und nach Transformation in die Formelzeichen des Grundmodells ergibt sich:

**9.4.2 Gleichung**      $N = R \cdot F_p \cdot F_L \cdot F_{iz} \cdot L$

Das lässt sich noch umformen zu:

**9.4.3 Gleichung**      $\boxed{N = R \cdot F_p \cdot F_{Liz} \cdot L}$

## 9.5 - Drake-Gleichung und Allgemeines Grundmodell

Wie Kapitel 9.4 zeigt, kann man die Drake-Gleichung, nach Anpassung als Äquivalent zum Allgemeinen Grundmodell 8.4.2 betrachten. Damit dies genau der Fall ist, müssen beide Gleichungen äquivalent zueinander sein.

**8.4** Allgemeines Grundmodell: $\qquad N_{zexGal} = A \cdot F_{ph} \cdot F_{gae} \cdot F_{Liz}$

**9.4.3** Transformierte Drake-Gleichung: $N \qquad = R \cdot F_p \cdot F_{Liz} \cdot L$

Es muss dann gelten:

$$N_{zexGal} = N$$
$$A \cdot F_{ph} \cdot F_{gae} \cdot F_{Liz} = R \cdot F_p \cdot F_{Liz} \cdot L$$
$$A \cdot F_h \cdot F_{gae} = R \cdot L$$

**9.5.1 Gleichung** $\qquad A \cdot F_h \cdot F_{gae} = R \cdot L$

Die Gleichung 9.5.1 lässt sich in mehrfacher Hinsicht nutzen um die Parameter zu überprüfen bzw. korrigieren zu können. Hier bietet sich zunächst $F_e$ die Wahrscheinlichkeit für erdähnliche Planeten an:

$$F_{gae} = R \cdot L / A \cdot F_h$$
$$F_e = R \cdot L / A \cdot F_h \cdot F_{ga}$$
$$F_e = R \cdot L / (A \cdot F_h \cdot F_g \cdot F_a)$$

$F_e = 400.000 \cdot 11,5 / [(100\text{-}300) \cdot 10^9 \cdot 1{:}60 \cdot 100{:}277 \cdot 100{:}311]$
$F_e = 0,023.809 - 0,038.461$
$\mathbf{F_e = 1{:}42 - 1{:}126}$

Daraus ergibt sich für die Erdähnlichkeit $F_{gae}$:

$F_{gae} = 100{:}277 \cdot 100{:}311 \cdot (1{:}42 - 1{:}126)$
$\mathbf{F_{gae} = 1{:}362 - 1{:}1.085}$

Mit Gleichung 9.5.1 lässt sich die Gesamtzahl der Sterne in der Galaxie ermitteln:

$$A \cdot F_h \cdot F_{gae} = R \cdot L$$
$$A = R \cdot L / F_h \cdot F_{gae}$$

$$A = 400.000 \cdot 11{,}5 / 1{:}60 \cdot 1{:}362 \quad = \mathbf{99{,}912 \cdot 10^9}$$

$$A = 400.000 \cdot 11{,}5 / 1{:}60 \cdot 1{:}1.085 = \mathbf{299{,}46 \cdot 10^9}$$

Das stimmt gut mit den gegebenen Grenzen überein.

Es existieren noch zwei Möglichkeiten die Gleichung aufzulösen. Auflösen der Gleichung nach **L** oder nach **R**.

## Möglichkeit 1

$$L = A \cdot F_h \cdot F_{gae} / R$$

$$L = (100\text{-}300) \cdot 10^9 \cdot 1{:}60 \cdot 1{:}362 : 11{,}5 \quad = \mathbf{400.352 - 1.201.057}$$

$$L = (100\text{-}300) \cdot 10^9 \cdot 1{:}60 \cdot 1{:}1.085 : 11{,}5 = \mathbf{133.573 - 400.721}$$

Im Mittel beträgt die Lebensdauer einer Zivilisation:

$$L = 267.147 - 800.704 \text{ Jahre}$$

Daraus ergibt sich die mittlere Lebensdauer einer Zivilisation:

$$L_m = 533.926 \text{ Jahre}$$

Dies erlaubt eine Korrektur für Axiom 7.2.1 zur Lebensdauer einer Zivilisation:

**9.5.2 Axiom**　　**Die mittlere Lebensdauer einer technologischen Zivilisation wird auf L = 534.000 ± 267.000 Jahre angesetzt.**

Die maximalen Grenzen der Lebensdauer einer Zivilisation:

$$L = 133.000 - 1.200.000 \text{ Jahre}$$

Das stimmt in etwa mit dem Zivilisationszyklus von 1,5 Millionen Jahren aus Kapitel 7.5 überein. Der neue maximale Wert erlaubt eine Korrektur für Axiom 7.3.2 zum Alter einer Zivilisation:

**9.5.3 Axiom**　　**Unter einer <u>alten</u> Zivilisation ist eine Kultur zu verstehen, die 1,2 – 1,5 Millionen Jahre alt ist.**

<u>**Möglichkeit 2**</u>

$$R = A \cdot F_h \cdot F_{gae} / L$$

$R$ = (100-300)·$10^9$ · 1:60 · 1:362 : 534.000   = **8,622 – 25,865**

$R$ = (100-300)·$10^9$ · 1:60 · 1:1.085 : 534.000 = **2,876 – 8,629**

Im Mittel beträgt die Sternentstehungsrate:

$$R = 5,75 - 17,24$$

Daraus ergibt sich die mittlere Sternentstehungsrate:

$$R = 11,49675$$

Das stimmt fast exakt mit dem gegebenen Mittelwert überein.

Diese Betrachtung erlaubt es, eine **Korrektur** für die **Drake-Gleichung** vorzunehmen. Einsetzen der neuen Werte in die Gleichung 9.1.2:

$N$ = (1,45-19) · 1:70 · 1:10 · 1:104 · 534.000
**N = 11 - 140     außerirdische technologische Zivilisationen**

**9.5.4 Satz:     Es existieren wahrscheinlich 11 bis 140 technologische Zivilisationen, in unserer Galaxie.**

Dieses Ergebnis wird im Folgenden als **korrigierte Drake-Gleichung** bezeichnet.


## 9.6 - Korrigierte Werte für die Erde

Aus dem letzten Kapitel 9.5 ergab sich eine Korrektur für die Wahrscheinlichkeit $F_e$ von erdähnlichen, habitablen Planeten:

**9.6.1 Gleichung     $1{:}126 \leq F_e \leq 1{:}42$**

Daraus ergibt sich für die Erdähnlichkeit $F_{gae}$:

**9.6.2 Gleichung     $1{:}1.085 \leq F_{gae} \leq 1{:}362$**

Daraus ergeben sich Korrekturen für die Anzahl der „Erden 2", sowie für Leben, Intelligenz und Zivilisation, wovon die folgenden Abschnitte berichten.

Gleichung 3.1.1 für habitable „Erden 2" in sonnenähnlichen Systemen lautet:

$$N_{he} = A \cdot F_{sph} \cdot F_{gae}$$

Einsetzen der neuen Werte in die Gleichung 3.1.1 liefert:

$$N_{he} = (100\text{-}300) \cdot 10^9 \cdot 1{:}15.000 \cdot (1{:}362 - 1{:}1.085)$$

Das ergibt folgende Korrektur für Satz 3.3.1:

**9.6.3 Satz:** **Es existieren wahrscheinlich 6.144 bis 55.249 habitabler „Erden 2", in sonnenähnlichen Sternsystemen, in unserer Galaxie.**

Im kleinsten Fall ist unter **362 habitablen Planeten** eine „Erde 2" zu finden. Um diese habitablen Planeten zu finden, muss man 25.340 sonnenähnliche Sternsysteme untersuchen, die Planeten besitzen. Somit müssten 1,52 Millionen sonnenähnliche Sternsysteme und insgesamt 5,43 Millionen Sternsysteme beobachtet und analysiert werden. Das ist das **36**-fache der bisher untersuchten Sternenmenge.

Im größten Fall ist unter **1.085 habitablen Planeten** eine „Erde 2" zu finden. Um diese habitablen Planeten zu finden, muss man 65.100 sonnenähnliche Sternsysteme untersuchen, die Planeten besitzen. Somit müssten 4,557 Millionen sonnenähnliche Sternsysteme und insgesamt 16,275 Millionen Sternsysteme beobachtet und analysiert werden. Das ist das **108**-fache der bisher untersuchten Sternenmenge.

Alle Fälle zusammengefasst ergibt folgende Aussage:

**9.6.4 Satz** **Die 36-fache bis 108-fache Menge an Sternen, die mit dem Keplerteleskop bis 2013 untersucht worden sind, werden noch benötigt um eine „Erde 2" zu finden.**

Nach diesem (ernüchternden) Ergebnis ist zu erwarten, dass es noch ein paar Jahrzehnte dauern wird, bis man eine zweite Erde findet.

## 9.7 - Korrekturen für Leben und Intelligenz

Gleichung 4.3.1 für habitable „Erden 2" mit Leben in sonnenähnlichen Systemen lautet:

$$N_{Le} = A \cdot F_{sph} \cdot F_{gae} \cdot F_L$$

Einsetzen der neuen Werte in die Gleichung 4.3.1 liefert:

$$N_{Le} = (100\text{-}300) \cdot 10^9 \cdot 1{:}15.000 \cdot (1{:}362 - 1{:}1.085) \cdot 1{:}10$$

Das ergibt folgende Korrektur für Satz 4.3.2:

**9.7.1 Satz:** **Es existieren wahrscheinlich 614 bis 5.525 „Erden 2" mit Leben, in sonnenähnlichen Sternsystemen, in unserer Galaxie.**

Gleichung 5.4.1 für habitable „Erden 2", mit intelligenten Spezies in sonnenähnlichen Systemen, lautet:

$$N_{ie} = A \cdot F_{sph} \cdot F_{gae} \cdot F_L \cdot F_i$$

Einsetzen der neuen Werte in die Gleichung 5.4.1 liefert:

$$N_{ie} = (100\text{-}300) \cdot 10^9 \cdot 1{:}15.000 \cdot (1{:}362 - 1{:}1.085) \cdot 1{:}10 \cdot 1{:}13$$

Das ergibt folgende Korrektur für Satz 5.4.2:

**9.7.2 Satz:** **Es existieren wahrscheinlich 48 bis 425 „Erden 2" mit intelligenten Spezies, in sonnenähnlichen Sternsystemen, in unserer Galaxie.**


## 9.8 - Korrekturen für das Grundmodell

Das **Spezielle Grundmodell** 6.3.3 für habitable „Erden 2", in sonnenähnlichen Systemen, mit einer technologischen Zivilisation lautet:

$$N_{ze} = A \cdot F_{sph} \cdot F_{gae} \cdot F_{Liz}$$

Einsetzen der neuen Werte in die Gleichung 6.3.3 liefert:

$$N_{ze} = (100\text{-}300) \cdot 10^9 \cdot 1{:}15.000 \cdot (1{:}362 - 1{:}1.085) \cdot 1{:}1.040$$

Daraus ergibt sich die folgende Korrektur für Satz 6.4.1:

**9.8.1 Satz**     **Es existieren wahrscheinlich 6 bis 53 technologische Zivilisationen, auf einer „Erde 2", in sonnenähnlichen Sternsystemen, in unserer Galaxie.**

Das **Allgemeine Grundmodell** 8.4.2 für habitable „Erden 2" in der Galaxis, mit einer technologischen Zivilisation, lautet:

$$N_{zexGal} = \Sigma N_{zex} = A \cdot \Sigma(F_X \cdot F_{ph} \cdot F_{gae} \cdot F_{Liz})$$

$$N_{zexGal} \approx A \cdot F_{ph} \cdot F_{gae} \cdot F_{Liz}$$

Einsetzen der neuen Werte in die Gleichung 8.4.2 liefert:

$$N_{zexGal} = (100\text{-}300) \cdot 10^9 \cdot 1{:}4.200 \cdot (1{:}362 - 1{:}1.085) \cdot 1{:}1.040$$

Daraus ergibt sich die folgende Korrektur für Satz 8.4.5:

**9.8.2 Satz**     **Die Anzahl der Sternsysteme in der Galaxie, mit erdähnlichen, habitablen Planeten, die technologische Zivilisationen tragen könnten, ergibt sich maximal wahrscheinlich zwischen 21 und 190.**

**Vergleich Drake-Gleichung**
Vergleichbar ist hier die Drake-Gleichung 9.1.2 mit **8 – 209** außerirdischen technologischen Zivilisationen. Das Drake-Fenster deckt sich mit dem unteren Bereich des Fensters aus dem Allgemeinen Grundmodell.
Die korrigierte Drake-Gleichung 9.5.4 liefert **11 – 140** außerirdische technologische Zivilisationen. Das korrigierte Drake-Fenster deckt sich mit dem unteren Teil des Fensters aus dem Allgemeinen Grundmodell.
Damit besteht eine gute Übereinstimmung der **Drake-Gleichung** und dem **Allgemeinen Grundmodell**.

**9.8.3 Satz**     **Das *Allgemeine Grundmodell*, sowie die *Drake-Gleichung* stellen zwei zueinander *äquivalente* Betrachtungsweisen dar.**

Da die Anzahl der Sternsysteme aus dem Grundmodell wesentlich größer ist, als bei der Drake-Gleichung, kann geschlossen werden, dass die obere Schranke $F_e$, für die Wahrscheinlichkeit einer zweiten Erde, zu hoch angesetzt ist.

## 9.9 - Weitere Zivilisationen

Es sei dem Leser zur Übung überlassen die Berechnungen für vergleichbare, raumfahrende Zivilisationen selber vorzunehmen. Siehe dazu auch die Tabelle auf Seite 193. Daher hier nur die Ergebnisse:

**9.9.1 Satz** **Die Anzahl der Sternsysteme in der Galaxie, mit habitablen, erdähnlichen Planeten, die vergleichbare Zivilisationen tragen könnten, ergibt sich maximal wahrscheinlich zwischen 16 und 144.**

Das Allgemeine Grundmodell 8.5.1 liefert **20 – 607** vergleichbare Zivilisationen.

**9.9.2 Satz** **Die Anzahl der Sternsysteme in der Galaxie, mit habitablen, erdähnlichen Planeten, die raumfahrende Zivilisationen tragen könnten, ergibt sich maximal wahrscheinlich zwischen 5 und 47.**

Das Allgemeine Grundmodell 8.5.2 liefert **7 – 197** raumfahrende Zivilisationen.

**9.9.3 Satz** **Die Anzahl der Sternsysteme in der Galaxie, mit erdähnlichen Planeten, in habitablen Zonen, die alte Zivilisationen tragen könnten, ergibt sich maximal wahrscheinlich zwischen 1 und 6.**

Das Allgemeine Grundmodell 8.5.4 liefert **1 – 25** alte Zivilisationen.

Die korrigierten Werte in das Allgemeine Grundmodell eingesetzt, (wie gesehen) wird im Folgenden als **Drake-korrigiertes Allgemeinen Grundmodell** bezeichnet.

Alle korrigierten Grundmodell-Fenster decken sich mit den unteren Teilen der Fenster aus dem Allgemeinen Grundmodell.
Damit besteht ein gute Übereinstimmung des **Allgemeinen Grundmodells** und dem **Drake-korrigierten Allgemeinen Grundmodell**.

Auch hier ist die Anzahl der Sternsysteme aus dem Grundmodell wesentlich größer als bei der Drake-Gleichung, darum darf gefolgert werden, dass die obere Schranke $F_e$ für die Wahrscheinlichkeit einer zweiten Erde zu hoch angesetzt ist.

# 10 – Die Seager-Gleichung

## 10.1 - Sara Seagers Gleichung

**Sara Seager** [170] ist eine kanadisch-amerikanische Astrophysikerin (*1971). Sie stellte einen veränderten Ansatz zur Drake-Gleichung auf. Dieser Ansatz wird als **Seager-Gleichung** und manchmal auch als *Drake-Seager-Gleichung* bezeichnet.

Im Unterschied zur Drake-Gleichung arbeitet ihr Ansatz nicht mit der Sternentstehungsrate, sondern mit einer festen Menge von Sternen, nämlich Systeme aus der Spektralklasse **M**.

Seagers Ansatz beschränkt sich dabei auf die sogenannten M-Sterne, auch rote Zwerge genannt und auch dem zukünftigen *James Webb Space Telescope* (JWST), [171] sowie der geplanten TESS-Raumsonde (*Transiting Exoplanet Survey Satellite*). [172]

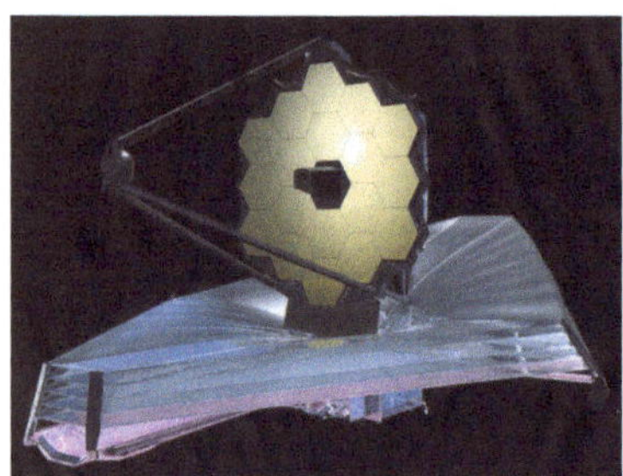

**JWST**

**TESS**

Das James Webb Space Telescope ist praktisch der Nachfolger für das Hubble-Teleskop und soll 2021 gestartet werden. Der TESS-Satellit ist am 18 April 2018 auf die Reise gegangen, um mittels der Transitmethode, nach Exoplaneten Ausschau zu halten. (Sara Seager benutzt andere Indizes, als in Definition 2.7.2 angegeben)

Die Seager-Gleichung lautet:

**10.1.1 Gleichung**

$$N = N^* \cdot f_Q \cdot f_{HZ} \cdot f_O \cdot f_L \cdot f_S$$

Die im Folgenden angegebenen Werte für die Wahrscheinlichkeitsfaktoren entstammen einem Dokument, dass Sara Seager ins Internet gestellt hat. [173]

$N^*$ steht für die Zahl der M-Sterne (Rote Zwerge), die sich mit den kommenden Teleskop JWST untersuchen lassen. (30.000 - 50.000)

$f_Q$ steht für den Anteil der ruhigen M-Sterne. Die Menge der unruhigen Sterne, die immer wieder große Mengen Gammastrahlen ins All schleudern beträgt 20 %.

$f_{HZ}$ ist der Anteil derjenigen Systeme, die einen Planeten in der habitablen Zone haben. (cirka 15 %)

$f_O$ beziffert den Anteil derjenigen Planeten, die für das JWST sichtbar an ihrem Stern vorüberziehen. (1 % der potenziell beobachtbaren Planeten zieht vor seinem Stern vorüber, 10 % davon sind nah genug an der Erde für eine Beobachtung) (0,01 x 0,1 = 0,001)

$f_L$ stellt den Anteil der belebten Planeten dar. Der Faktor wird gleich eins gesetzt, da man davon ausgeht, dass auf jedem habitablen Planeten auch Leben entstehen könnte.

$f_S$ ist eine messbare Biosignatur, in der Atmosphäre. (50 %)

Einsetzen der Werte in die Gleichung 10.1.1 ergibt:

N = (30.000 bis 50.000) · 0,8 · 0,15 · 0,001 · 1 · 0,5
**N = 1,8 – 3     technologische Zivilisationen**

Laut Sara Seager gilt **N = 2**. Dieses Ergebnis zeigt, dass intelligentes Leben auch bei roten Zwergen, als Zentralgestirn, möglich ist.

## 10.2 - Die erweiterte Seager-Gleichung

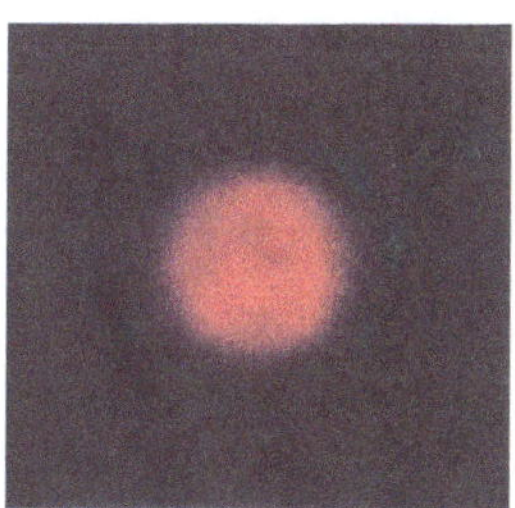

Die Seager-Gleichung behandelt nur eine gewisse Menge von roten Zwergsternen, also Sterne der Spektralklasse M, nämlich nur solche Sterne, die durch das JWST-Teleskop erfasst werden können.
Die Seager-Gleichung lässt sich aber auch auf **alle roten Zwergsterne**, in der Galaxie, ausweiten.

$N^* = N_{RZ} = A \cdot F_{RZ}$ steht für die Zahl der M-Sterne (Rote Zwerge), die in der Galaxie vorhanden sind mit: $F_{RZ}$ = 0,7 und **A** = 100 - 300 Milliarden Sterne.

$f_Q$ steht für den Anteil der ruhigen M-Sterne, die etwa 80 % ausmachen.

$f_{HZ} = F_{ph} = F_p \cdot F_h$ ist der Anteil derjenigen M-Sterne, die erstens einen Planeten besitzen und zweitens, dass dieser sich in der habitablen Zone befindet. Es gilt: $F_p$ = 1:70 und $F_h$ = 1:60 mit $F_{ph}$ = 1:4.200.

$f_O$ beziffert den Anteil derjenigen Planeten, die für das JWST sichtbar an ihrem Stern vorüberziehen. (0,01 x 0,1= 0,001)

$f_L = F_L$ ist der Anteil der belebten Planeten, mit: $F_L$ = 1:10.

$f_S$ steht für eine Intelligenz, die eine messbare „Biosignatur" in der Atmosphäre hinterlässt, also einer technologischen Zivilisation, mit: $f_S = F_i \cdot F_z$ = 1:13 · 1:8 = 1:104

Damit ergibt sich:

**10.2.1 Gleichung**

$$N = A \cdot F_{RZ} \cdot f_Q \cdot F_{ph} \cdot f_O \cdot F_L \cdot F_i \cdot F_z$$
$$N = A \cdot F_{RZ} \cdot f_Q \cdot f_O \cdot F_{ph} \cdot F_{Liz}$$

Einsetzen der Werte in die Gleichung 10.2.1 ergibt:

$N = (100\text{-}300) \cdot 10^9 \cdot 0{,}7 \cdot 0{,}8 \cdot 0{,}001 \cdot 1{:}4.200 \cdot 1{:}1.040$
**N = 13 – 39**     **technologische Zivilisationen**

Nach Satz 6.4.1 existieren wahrscheinlich **8 – 224** technologische Zivilisationen, auf einer „Erde 2" in sonnenähnlichen Systemen, in unserer Galaxie.
Damit ergibt sich eine viel **geringere** Anzahl von Zivilisationen, mit roten Zwergen als Zentralgestirn, als bei sonnenähnlichen Systemen.

**10.2.2 Gleichung**

$$N_S > N_{RZ}$$

**Bemerkung:**
Unter einer **Biosignatur** sind gewisse Anzeichen in der Atmosphäre eines Exoplaneten zu verstehen, wie etwa Existenz bestimmter Gase (wie $CO_2$ und FCKW), die auf das Vorhandensein einer technologischen Zivilisation schließen lassen.

# 10.3 - Die transformierte Seager-Gleichung

Die Seager-Gleichung behandelt nur die (ruhigen) roten Zwerge, also eine gewisse Menge von Sternen, nämlich die sogenannten M-Sterne. Man kann die Betrachtung hier ausweiten und auch auf andere Mengen von Sternen beziehen, z.B. auf **G-Sterne**, also die **sonnenähnlichen Sterne**.

Die Seager-Gleichung wird dann zum Gleichungssystem 6.3.3 **kompatibel** und lässt sich **vollständig** durch die, in den Kapiteln 1 bis 7, gefundenen Beziehungen bzw. Formelzeichen **ersetzen**.

$N^* = N_s = A \cdot F_s$ steht, nach Gleichung 1.4.1, für die Zahl der G-Sterne (Sonnenähnliche Sterne), die in der Galaxie vorhanden sind, mit: $F_s$ = 7:25 und **A** = 100 - 300 Milliarden Sterne.

$f_Q$ G-Sterne schleudern keine Gammastrahlen ins All, daher sind alle Sterne beobachtbar, also: $f_Q$ **= 1**. Der Faktor kann daher entfallen.

$f_{HZ} = F_{ph} = F_p \cdot F_h$ ist der Anteil derjenigen G-Sterne, die erstens einen Planeten besitzen und zweitens dieser sich in einer habitablen Zone befindet. Es gilt: $F_p$ = 1:70 und $F_h$ = 1:60.

$f_O = F_k$ beziffert den Anteil derjenigen Planeten, die für das Keplerteleskop sichtbar an ihrem Stern vorüberziehen. Nach Kapitel 1.2 liegt die Wahrscheinlichkeit eines solchen Transits bei 0,465 % also: $F_k$ = 0,004.65.

$f_L = F_L$ ist der Anteil der belebten Planeten, mit: $F_L$ = 1:10.

$f_S$ steht für eine Intelligenz, die eine messbare Biosignatur in der Atmosphäre hinterlässt, also eine technologische Zivilisation, mit: $f_S = F_i \cdot F_z$ = 1:13 · 1:8 = 1:104.

Die gesamte Seager-Gleichung lässt sich dann auf die Menge der sonnenähnlichen Sternsysteme in der Galaxie, beobachtet mit dem Keplerteleskop (bzw. einem Äquivalent), übertragen.
Alle Wahrscheinlichkeitsfaktoren der Seager-Gleichung sind vollständig ersetzbar, durch die Faktoren aus dem Gleichungssystem 6.3.3. Die transformierte Seager-Gleichung für G-Sterne lautet dann:

**10.3.1 Gleichung** $\qquad N = A \cdot F_s \cdot F_p \cdot F_h \cdot F_k \cdot F_L \cdot F_i \cdot F_z$

Nach Definition 1.7.1 gilt: $\quad F_{sph} = F_s \cdot F_p \cdot F_h = 1{:}15.000$

Nach Definition 6.3.2 gilt: $\quad F_{Liz} = F_L \cdot F_i \cdot F_z = 1{:}1.040$

Damit lässt sich die Gleichung 10.3.1, als **transformierte Seager-Gleichung**, auch so schreiben:

**10.3.2 Gleichung** $\qquad \boxed{N = A \cdot F_{sph} \cdot F_k \cdot F_{Liz}}$

Einsetzen aller Werte in die Gleichung 10.3.2 ergibt:

$N = (100\text{-}300) \cdot 10^9 \cdot 1{:}15.000 \cdot 0{,}004.65 \cdot 1{:}1.040$
**$N = 30 - 89$** $\quad$ **technologische Zivilisationen**

**Vergleich Spezielles Grundmodell**
Äquivalent und damit vergleichbar zur transformierten Seager-Gleichung, ist die Gleichung 6.3.3 aus dem Speziellen Grundmodell.
Nach Satz 6.4.1 des Speziellen Grundmodells existieren wahrscheinlich **8 – 224** technologische Zivilisationen, auf „Erden 2" in sonnenähnlichen Systemen, in unserer Galaxie.
Das Seager-Fenster liegt gut im unteren Bereich des Grundmodell-Fensters.
Das Drake-korrigierte Spezielle Grundmodell 9.8.2 liefert **21 – 190** Erden 2" mit technologischen Zivilisationen. Das Seager-Fenster liegt gut im unteren Bereich des Drake-Fensters.

**10.3.3 Satz** $\qquad$ **Das *Spezielle Grundmodell,* sowie die *transformierte Seager-Gleichung* stellen zwei zueinander *<u>äquivalente</u>* Betrachtungsweisen dar.**

**Beim Seager-Ansatz spielt die Erdähnlichkeit keine Rolle und es wird nur nach technologischen Zivilisationen, auf habitablen Planeten in der Galaxie, gefragt.**

Dieses Modell lässt sich auch auf andere Sternenmengen und Beobachtungsgeräte übertragen. Wenn man den Faktor $F_z$ weglässt, dann kann man die Gleichung 10.3.2 auf **intelligente Spezies** anwenden. Wenn man auch noch den Faktor $F_i$ weglässt, dann lässt sich die Gleichung 10.3.2 ebenfalls auf **belebte Planeten** anwenden.

# 11 – Äquivalenz der Betrachtungen

## 11.1 - Äquivalenz

Wie die Transformation insgesamt zeigt, kann man die Seager-Gleichung, nach Anpassung an sonnenähnliche Sterne, als Äquivalent zum Speziellen Grundmodell 6.3.3 betrachten.
Damit dies genau der Fall ist, müssen beide Gleichungen äquivalent zueinander sein.

Nach dem Grundmodell gilt: $\quad N_{ze} = A \cdot F_{sph} \cdot F_{gae} \cdot F_{Liz}$

Der Seager Ansatz liefert: $\quad N = A \cdot F_{sph} \cdot F_k \cdot F_{Liz}$

Es muss dann gelten:

$$N_{ze} = N$$

$$A \cdot F_{sph} \cdot F_{gae} \cdot F_{Liz} = A \cdot F_{sph} \cdot F_k \cdot F_{Liz}$$

$$F_{gae} = F_k$$

Wenn nach Definition 3.3.3 $F_{gae} = F_g \cdot F_a \cdot F_e$ einsetzt wird, dann lässt sich eine Einschätzung für $F_e$ vornehmen. Es ergibt sich:

$$F_{gae} = F_g \cdot F_a \cdot F_e = F_k$$

Umstellen der Gleichung nach $F_e$ ergibt:

**11.1.1 Gleichung**
$$F_e = \frac{F_k}{F_g \cdot F_a}$$

Einsetzen der Werte in Gleichung 11.1.1 liefert:

$F_e \quad = 0{,}004.65 / (100{:}277 \cdot 100{:}311)$
$F_e \quad = 0.040.058 \approx \textbf{1:25}$

Das ist nur vier Mal größer als der bisherige Minimalwert, und kann als neue obere Schranke benutzt werden. Mit den neuen Schranken lassen sich einige, bisher formulierte Sätze etwas differenzieren.

## 11.2 - Korrigierte Werte für die Erde

Aus dem letzten Kapitel 11.1 ergab sich eine Korrektur für die Wahrscheinlichkeit $F_e$ von erdähnlichen, habitablen Planeten:

**11.2.1 Gleichung**     $1:100 \leq F_e \leq 1:25$

Es lassen sich zwei Werte für $F_{gae}$ generieren:

$F_{gae1}$     $= 100:277 \cdot 100:311 \cdot 1:25$   $\approx$ **1:215**
$F_{gae2}$     $= 100:277 \cdot 100:311 \cdot 1:100 \approx$ **1:861**

Es kann eine differenzierte Abschätzung für den Wahrscheinlichkeitsfaktor $F_{gae}$ gegeben werden:

**11.2.2 Gleichung**     $1:861 \leq F_{gae} \leq 1:215$

Gleichung 3.1.1 für habitable „Erden 2" in sonnenähnlichen Systemen lautet:

$$N_{he} = A \cdot F_{sph} \cdot F_{gae}$$

Einsetzen der neuen Werte in die Gleichung 3.1.1 liefert:

$$N_{he} = (100\text{-}300) \cdot 10^9 \cdot 1:15.000 \cdot (1:215 - 1:861)$$

Das ergibt folgende Korrektur für Satz 3.3.1:

**11.2.3 Satz:**     **Es existieren wahrscheinlich 7.743 bis 93.023 „Erden 2", in sonnenähnlichen Sternsystemen, in unserer Galaxie.**

Das Drake-korrigierte Spezielle Grundmodell 9.6.3 liefert **6.144 – 55.249** „Erden 2". Das Seager-Fenster überlappt sich mit dem Drake-Fenster. Damit besteht eine gute Übereinstimmung zwischen dem Drake-korrigierten Speziellen Grundmodell und dem Seager-korrigierten Speziellen Grundmodell.

Die Wahrscheinlichkeit, unter habitablen Planeten, eine „Erde 2" zu finden beträgt:

$F_{gae2}$     $= F_g \cdot F_a \cdot F_{e2}$
$F_{gae2}$     $= 100:277 \cdot 100:311 \cdot 1:25$
$F_{gae2}$     $= 0,004.643 \approx$ **1:215**

**144**

Das bedeutet: **unter 215 habitablen Planeten** ist eine „Erde 2" zu finden.

Um diese habitablen Planeten zu finden, muss man 12.900 sonnenähnliche Sternsysteme untersuchen, die Planeten besitzen. Somit müssten 903.000 sonnenähnliche Sternsysteme und insgesamt 3,225 Millionen Sternsysteme beobachtet und analysiert werden. Das ist das 21-fache der bisher untersuchten Sternenmenge.

Alle Fälle zusammengefasst ergibt folgende Aussage:

**11.2.4 Satz**     **Die 21-fache Menge an Sternen, die mit dem Keplerteleskop bis 2013 untersucht worden sind, werden noch benötigt um eine „Erde 2" zu finden.**

Demnach ist zu erwarten, dass innerhalb der nächsten Jahrzehnte eine zweite Erde gefunden wird.


## 11.3 - Korrekturen für Leben und Intelligenz

Gleichung 4.3.1 für habitable „Erden 2", mit Leben in sonnenähnlichen Systemen, lautet:

$$N_{Le} = A \cdot F_{sph} \cdot F_{gae} \cdot F_L$$

Einsetzen der neuen Werte in die Gleichung 4.3.1 liefert:

$$N_{Le} = (100\text{-}300){\cdot}10^9 \cdot 1{:}15.000 \cdot (1{:}215 - 1{:}861) \cdot 1{:}10$$

Das ergibt folgende Korrektur für Satz 4.2.2:

**11.3.1 Satz:**     **Es existieren wahrscheinlich 774 bis 9.302 „Erden 2" mit Leben, in sonnenähnlichen Sternsystemen, in unserer Galaxie.**

Das Drake-korrigierte Spezielle Grundmodell 9.7.1 liefert **614 – 5.525** „Erden 2" mit Leben. Damit überlappen sich die Fenster und es besteht eine gute Übereinstimmung zwischen dem Drake-korrigierten Speziellen Grundmodell und dem Seager-korrigierten Speziellen Grundmodell.

Gleichung 5.4.1 für habitable „Erden 2" mit intelligenten Spezies in sonnenähnlichen Systemen lautet:

$$N_{ie} = A \cdot F_{sph} \cdot F_{gae} \cdot F_L \cdot F_i$$

Einsetzen der neuen Werte in die Gleichung 5.4.1 liefert:

$$N_{ie} = (100\text{-}300) \cdot 10^9 \cdot 1{:}15.000 \cdot (1{:}215 - 1{:}861) \cdot 1{:}10 \cdot 1{:}13$$

Das ergibt folgende Korrektur für Satz 5.4.2:

**11.3.2 Satz:** **Es existieren wahrscheinlich 60 bis 716 „Erden 2" mit intelligenten Spezies, in sonnenähnlichen Sternsystemen, in unserer Galaxie.**

Das Drake-korrigierte Spezielle Grundmodell 9.7.2 liefert **48 – 425** „Erden 2" mit intelligenten Spezies. Damit überlappen sich die Fenster und es besteht eine gute Übereinstimmung zwischen dem Drake-korrigierten Speziellen Grundmodell und dem Seager-korrigierten Speziellen Grundmodell.


## 11.4 - Korrekturen für das Grundmodell

Das **Spezielle Grundmodell** 6.3.3 für habitable „Erden 2", in sonnenähnlichen Systemen, mit einer technologischen Zivilisation lautet:

$$N_{ze} = A \cdot F_{sph} \cdot F_{gae} \cdot F_{Liz}$$

Einsetzen der neuen Werte in die Gleichung 6.3.3 liefert:

$$N_{ze} = (100\text{-}300) \cdot 10^9 \cdot 1{:}15.000 \cdot (1{:}215 - 1{:}861) \cdot 1{:}1.040$$

Das ergibt folgende Korrektur für Satz 6.4.1:

**11.4.1 Satz** **Es existieren wahrscheinlich 8 bis 90 technologische Zivilisationen auf einer „Erde 2", in sonnenähnlichen Sternsystemen, in unserer Galaxie.**

**Vergleich transformierte Seager-Gleichung**
Vergleichbar ist hier die transformierte Seager-Gleichung 10.3.2 mit **30 – 89** technologischen Zivilisationen. Die beiden Fenster sind annähernd deckungsgleich und damit besteht eine gute Korrelation der Seager-Gleichung mit dem Seager-korrigierten Speziellen Grundmodell.

**Vergleich Drake-korrigiertes Spezielles Grundmodell**
Das Drake-korrigierte Spezielle Grundmodell 9.8.1 liefert **6 – 53** „Erden 2" mit technologischen Zivilisationen. Damit überlappen sich die Fenster und es besteht eine gute Korrelation zwischen dem Drake-korrigierten Speziellen Grundmodell und dem Seager-korrigierten Speziellen Grundmodell.

Das **Allgemeine Grundmodell** 8.4.2 für habitable „Erden 2", in der Galaxis, mit einer technologischen Zivilisation lautet:

$$N_{zexGal} = \Sigma N_{zex} = A \cdot \Sigma(F_X \cdot F_{ph} \cdot F_{gae} \cdot F_{Liz})$$

$$N_{zexGal} \approx A \cdot F_{ph} \cdot F_{gae} \cdot F_{Liz}$$

Einsetzen der neuen Werte in die Gleichung 8.4.2 liefert:

$$N_{zexGal} = (100\text{-}300) \cdot 10^9 \cdot 1\text{:}4.200 \cdot (1\text{:}215 - 1\text{:}861) \cdot 1\text{:}1.040$$

Das ergibt folgende Korrektur für Satz 8.4.5:

**11.4.2 Satz**     **Die Anzahl der Sternsysteme in der Galaxie, mit erdähnlichen, habitablen Planeten, die technologische Zivilisationen tragen könnten, ergibt sich maximal wahrscheinlich zwischen 28 und 320.**

Die korrigierten Werte in das Allgemeine Grundmodell eingesetzt, (wie gesehen) wird im Folgenden als **Seager-korrigiertes Allgemeines Grundmodell** bezeichnet.

**Vergleich Drake-Gleichung**
Vergleichbar ist hier die Drake-Gleichung 9.1.2 mit **8 – 209** außerirdischen technologischen Zivilisationen und liegt damit gut im unteren Bereich des Seager-korrigierten Fensters.
Die korrigierte Drake-Gleichung 9.5.4 liefert **11 – 140** außerirdische technologische Zivilisationen und liegt damit gut im unteren Bereich des Seager-korrigierten Fensters.

**Vergleich Drake-korrigiertes Allgemeines Grundmodell**
Das Drake-korrigierte Allgemeine Grundmodell 9.8.2 liefert **21 – 190** „Erden 2" mit technologischen Zivilisationen. Damit überlappen sich die Fenster und es besteht eine gute Übereinstimmung zwischen dem Drake-korrigierten Allgemeinen Grundmodell und dem Seager-korrigierten Allgemeinen Grundmodell.

Damit zeigen die **Drake-Gleichung** und das **Seager-korrigierte Allgemeine Grundmodell** eine gute Korrelation.

## 11.5 - Weitere Zivilisationen

Es sei dem Leser zur Übung überlassen die Berechnungen für vergleichbare, raumfahrende und alte Zivilisationen selber vorzunehmen. Siehe dazu auch die Tabelle auf Seite 193. Daher hier nur die Ergebnisse:

**11.5.1 Satz** **Die Menge der Sternsysteme in der Galaxie, mit erdähnlichen Planeten, in habitablen Zonen, die vergleichbare Zivilisationen tragen könnten, bewegt sich maximal wahrscheinlich zwischen 20 und 243.**

Das Allgemeine Grundmodell 8.5.1 liefert **20 – 607** vergleichbare Zivilisationen.
Das Drake-korrigierte Allgemeine Grundmodell 9.9.1 liefert **16 – 144** vergleichbare Zivilisationen.

**11.5.2 Satz** **Die Menge der Sternsysteme in der Galaxie, mit erdähnlichen Planeten, in habitablen Zonen, die raumfahrende Zivilisationen tragen könnten, ergibt sich maximal wahrscheinlich zwischen 7 und 79.**

Das Allgemeine Grundmodell 8.5.2 liefert **7 – 197** raumfahrende Zivilisationen.
Das Drake-korrigierte Allgemeine Grundmodell 9.9.2 liefert **5 – 47** raumfahrende Zivilisationen.

**11.5.3 Satz** **Die Anzahl der Sternsysteme in der Galaxie, mit erdähnlichen Planeten, in habitablen Zonen, die alte Zivilisationen tragen könnten, ergibt sich maximal wahrscheinlich zwischen 1 und 10.**

Das Allgemeine Grundmodell 8.5.4 liefert **1 – 25** alte Zivilisationen.
Das Drake-korrigierte Allgemeine Grundmodell 9.9.3 liefert **1 – 6** alte Zivilisationen.

Alle Seager-korrigierten Grundmodell-Fenster decken sich mit den unteren Teilen der Fenster aus dem Allgemeinen Grundmodell.

Damit besteht ein gute Übereinstimmung des **Allgemeinen Grund-modells** und dem **Seager-korrigierten Allgemeinen Grundmodell**.

Auch hier ist die Anzahl der Sternsysteme aus dem Allgemeinen Grundmodell wesentlich größer als bei der Drake-korrigierten Daten. Es kann geschlossen werden, dass die obere Schranke $F_e$ für die Wahrscheinlichkeit einer zweiten Erde zu hoch angesetzt ist.

Ferner passen alle Drake-korrigierten Fenster in die Seager-korri-gierten Fenster. Damit besteht ein gute Übereinstimmung des **Dra-ke-korrigierten Allgemeinen Grundmodells** und dem **Seager-kor-rigierten Allgemeinen Grundmodell**.


## 11.6 - Fazit

Es besteht eine gute Übereinstimmung der Seager-Gleichung mit dem Speziellen Grundmodell.
Es besteht eine gute Übereinstimmung der Seager-Gleichung mit dem Drake-korrigierten Speziellen Grundmodell.
Dies bestätigt, dass das **Spezielle Grundmodell** und die **transfor-mierte Seager-Gleichung** zwei **äquivalente** Betrachtungsweisen darstellen.

Es besteht eine gute Übereinstimmung der Drake-Gleichung mit dem korrigierten Allgemeinen Grundmodell.
Dies bestätigt, dass das **Allgemeine Grundmodell**, sowie die **Dra-ke-Gleichung** zwei **äquivalente** Betrachtungsweisen darstellen.

Die Kompatibilität zeigt sich auch in der Übereinstimmung des **Dra-ke-korrigierten Allgemeinen Grundmodells** mit dem **Seager-korri-gierten Allgemeinen Grundmodell**.

**11.6.1 Satz**      **Das *Spezielle* und *Allgemeine Grundmodell*, sowie die *Drake-Gleichung* und die *Seager-Gleichung* stellen _äquivalente_ Betrachtungs-weisen dar.**

# 12 – Ein allgemeiner Ansatz

## 12.1 - Spektralklassen

Bei den bisherigen Betrachtungen wurden Sternsysteme untersucht, die einen sonnenähnlichen Zentralstern besitzen. Geht man davon aus, dass auch andere Sternsysteme, also **nicht Sonnenähnliche**, jeweils Häufigkeiten für technologische Zivilisationen aufweisen, dann lässt sich aus der Seager-Gleichung 10.3.2 ableiten:

**12.1.1 Gleichung** $\qquad N_X = A \cdot F_X \cdot F_{ph} \cdot F_k \cdot F_{Liz}$

Die Gleichung 12.1.1 gilt dann für die Sternenmengen die, jeweils durch einen Sonnentypus bzw. **Spektralklasse** [156] bedingt, gebildet werden.

Wie schon in Kapitel 8.1 erläutert existieren gesamt **13** Spektraltypen.
Wobei die Spektraltypen **O**, **B**, **A**, **F**, **K**, etwa **1%** der Gesamtsterne ausmachen.
Hinzu kommen noch die Spektralklassen **L**, **T**, **Y**, **R**, **N**, **S**, die ebenfalls **1%** der Gesamtsterne ausmachen.
Dann noch die Menge der sonnenähnlichen **G-Sterne**, mit einer gelben Spektralfarbe und der Wahrscheinlichkeit $F_s = 0,28 = 7{:}25$.
Sowie die Menge der Roten Zwerge, also **M-Sterne** mit einer rot-orangen Spektralfarbe und einer Wahrscheinlichkeit von $F_{RZ} = 0,7 = 7{:}10$. Damit machen die beiden Spektralklassen **98%** der Gesamtsterne in der Galaxie aus.

## 12.2 - Zivilisationen in der Galaxis

$N_X$ stellt daher die Anzahl der Zivilisationen, bezüglich eines bestimmten Sonnentypus, dar. Um die Anzahl aller **Zivilisationen in der Galaxie** zu ermitteln, muss dann die Summe aus allen Teilergebnissen, also über **alle Spektralklassen** hinweg, gebildet werden:

**12.2.1 Gleichung** $\qquad N_{Ziv} = \sum N_X = \sum(A \cdot F_X \cdot F_{ph} \cdot F_k \cdot F_{Liz})$

Die Anzahl **A** der Sterne in der Galaxie ist bei allen Sterntypen gleich und kann daher aus der Summe gezogen werden:

**12.2.2 Gleichung**
$$N_{ZivGal} = \Sigma N_X = A \cdot \Sigma(F_X \cdot F_{ph} \cdot F_k \cdot F_{Liz})$$

Genau genommen müssten die Wahrscheinlichkeiten $F_{ph}$, $F_{gae}$, $F_{Liz}$ für jede Spektralklasse einzeln ermittelt werden. Mathematisch exakt ausgedrückt:

$$N_{zivGal} = A \cdot \sum_{x=1}^{13} \left( F_x \cdot F_{phx} \cdot F_{kx} \cdot F_{Lizx} \right)$$

Das sind insgesamt 86 Variable die zu ermitteln wären.
Die Wahrscheinlichkeiten $F_X$, $F_{ph}$, $F_{Liz}$ sind von der Spektralklasse der jeweiligen Sternenmenge und $F_k$ von dem verwendeten Beobachtungsinstrument abhängig. Alle Faktoren sind auf Dauer empirisch bestimmbar, nach Satz 6.1.2 innerhalb von 2-3 Jahrhunderten.

**Basierend auf dem Seager-Ansatz stellt Gleichung 12.2.2 die allgemeinste Form dar, in der die Thematik intelligentes Leben bzw. technologische Zivilisationen, auf einem habitablen Planeten, in der Galaxie, mathematisch dargestellt werden kann.**

Die Gleichung 12.2.2 wird daher als „**Allgemeiner Ansatz**" bezeichnet. Mit der Gleichung 12.2.2 lässt sich eine Abschätzung, der Anzahl der Zivilisationen in der Galaxie, vornehmen.

Laut den bisherigen Betrachtungen beträgt die Häufigkeit für G-Sterne, also sonnenähnlichen Sternen, etwa 28 % der Gesamtsterne.
Die Roten Zwerge, also die M-Sterne, stellen den Hauptanteil dar, mit etwa 70 % der Gesamtsterne, wobei davon nur 80 % beobachtbar sind. Es gilt daher: **N* = A · $F_{RZ}$ · $f_Q$**.
Die verbleibenden 2 % der Gesamtsterne entfallen auf die restlichen 11 Spektralklassen und werden bei dieser Abschätzung nicht in Betracht gezogen, ohne die Betrachtung zu beeinträchtigen.

Die Wahrscheinlichkeiten für sonnenähnliche Sterne sind, nach Kapitel 1 bis 7, bekannt. Die Daten für die roten Zwerge werden hier nur teilweise den Daten von Sara Seager entnommen, da einige ihrer Annahmen (Leben und Biosphäre) zu optimistisch sind. Dann werden für Gleichung 12.2.2 die folgenden Werte eingesetzt:

$$N = A \cdot F_{sph} \cdot F_k \cdot F_{Liz}$$
$$+ A \cdot F_{RZ} \cdot f_Q \cdot F_{ph} \cdot f_O \cdot F_{Liz}$$

$$N = (100\text{-}300){\cdot}10^9 \cdot 1{:}15.000 \cdot 0{,}004.65 \cdot 1{:}1.040$$
$$+ (100\text{-}300){\cdot}10^9 \cdot 0{,}7 \cdot 0{,}8 \cdot 1{:}4.200 \cdot 0{,}001 \cdot 1{:}1.040$$

$$N = 30 - 90$$
$$+ 13 - 39$$

**N** $\quad$ **= 43 – 129** $\qquad$ **technologische Zivilisationen**

**Vergleich Allgemeines Grundmodell**
Nach Satz 8.4.5 des Allgemeinen Grundmodells liegt die Anzahl der Sternsysteme, mit erdähnlichen Planeten, in habitablen Zonen, die Zivilisationen tragen könnten, maximal wahrscheinlich zwischen **27 – maximal 800.**
Das Drake-korrigierte Allgemeine Grundmodell 9.8.2 liefert **21 – 190** „Erden 2" mit technologischen Zivilisationen.
Das Seager-korrigierte Allgemeine Grundmodell 11.4.2 liefert **27 – 320** „Erden 2" mit technologischen Zivilisationen.
Das errechnete Fenster des Allgemeinen Ansatzes stimmt gut mit dem Fenster für das Allgemeine Grundmodell überein und somit ergibt sich eine gute Übereinstimmung beider Ansätze.
Es ergibt sich eine gute Übereinstimmung des **Allgemeinen Ansatzes** mit den bisherigen Wahrscheinlichkeitsbetrachtungen aus dem korrigierten **Allgemeinen Grundmodell.**
Dies bestätigt, dass der **Allgemeine Ansatz** sowie das **Allgemeine Grundmodell** zwei **äquivalente** Betrachtungsweisen darstellen.


**Vergleich Drake-Gleichung**
Die Drake-Gleichung 9.1.2 liefert **8 – 209** außerirdische technologische Zivilisationen und liegt damit gut im Bereich des errechneten Fensters des Allgemeinen Ansatzes.
Die korrigierte Drake-Gleichung 9.5.4 lässt **11 – 140** außerirdische technologische Zivilisationen erwarten und liegt damit gut im Bereich des errechneten Fensters des Allgemeinen Ansatzes.
Es ergibt sich eine gute Übereinstimmung des **Allgemeinen Ansatzes** mit der **Drake-Gleichung.**
Dies bestätigt, dass der **Allgemeine Ansatz** sowie die **Drake-Gleichung** zwei **äquivalente** Betrachtungsweisen darstellen.

## 12.3 - Technologische Zivilisationen

Für eine überschlägige Maximalrechnung, zur Anzahl **technologischer Zivilisationen** in der Galaxie, kann angenommen werden, dass die Wahrscheinlichkeit für einen habitablen Planeten $F_{ph}$ und auch die Wahrscheinlichkeit für Zivilisationen $F_{Liz}$ bei allen Sternentypen gleich sind.

**12.3.1 Ansatz** **In Sternsystemen, die nicht sonnenähnlich sind, bestehen wahrscheinlich die gleichen oder ähnliche Häufigkeiten, für habitable Planeten, mit Zivilisationen, wie in sonnenähnlichen Systemen.**

Aus der Summenbildung aus Gleichung 12.2.2 können dann die Faktoren $F_{ph}$ und $F_{Liz}$ heraus gezogen werden.

Solange die Beobachtung über ein einziges Instrument erfolgt, ändert sich auch $F_k$ nicht und kann daher ebenso aus der Summenbildung heraus gezogen werden. Es gilt dann:

$$N_{Ziv} = \Sigma N_X \approx A \cdot F_{ph} \cdot F_k \cdot F_{Liz} \cdot \Sigma(F_X)$$

Die $F_X$ stellen die Häufigkeiten der einzelnen Spektralklassen dar. Die Summe, aller Einzelhäufigkeiten der Spektralklassen, ergibt wiederum die Gesamtheit der Sterne, in der Galaxie. Daher gilt:

$$\Sigma(F_X) = 1$$

Es ergibt sich näherungsweise insgesamt:

**12.3.2 Gleichung** $\quad N_{Ziv} = \Sigma N_X \approx A \cdot F_{ph} \cdot F_k \cdot F_{Liz}$

Für $F_k$ kann man zwei Werte nehmen, den für G-Sterne und den für M-Sterne.

Einsetzen der Werte ($F_k$ = 0,00465) in die Gleichung 12.3.2 ergibt:

$N_{Ziv1} \approx (100\text{-}300)\cdot 10^9 \cdot 1{:}4.200 \cdot 0{,}004.65 \cdot 1{:}1.040$
$N_{Ziv1} \approx \textbf{106 – 320} \qquad \textbf{technologische Zivilisationen}$

Einsetzen der Werte ($F_k$ = 0,001) in die Gleichung 12.3.2 ergibt:

$N_{Ziv2} \approx (100\text{-}300) \cdot 10^{9} \cdot 1{:}4.200 \cdot 0{,}001 \cdot 1{:}1.040$
$N_{Ziv2} \approx 23 - 69$         **technologische Zivilisationen**

**12.3.3 Satz**       **Es existieren wahrscheinlich maximal 23 bis 320 technologische Zivilisationen, in unserer Galaxie.**

Es gelten die gleichen Betrachtungen zum Allgemeinen Grundmodell sowie der Drake-Gleichung, wie im vorigen Kapitel 12.2.

**12.3.4 Satz**       **Der *Allgemeine Ansatz* und das *Allgemeine Grundmodell*, sowie die *Drake-Gleichung* stellen zueinander <u>*äquivalente*</u> Betrachtungsweisen dar**

Wenn man den Faktor $F_z$ weglässt, dann kann man die Gleichung 12.2.2 auf **intelligente Spezies** anwenden. Wenn man auch noch den Faktor $F_i$ weglässt, dann lässt sich die Gleichung 12.2.2 ebenfalls auf **belebte Planeten** anwenden.


## 12.4 - Weitere Zivilisationen

Es sei dem Leser überlassen die Berechnungen für vergleichbare, raumfahrende und alte Zivilisationen selber vorzunehmen. Siehe auch die Tabelle auf Seite 193. Daher hier nur die Ergebnisse:

**12.4.1 Satz**       **Es existieren wahrscheinlich maximal 17 bis 243 vergleichbare Zivilisationen, in unserer Galaxie.**

Das Allgemeine Grundmodell 8.5.1 liefert **20 – 607** vergleichbare Zivilisationen.
Das Drake-korrigierte Allgemeine Grundmodell 9.9.1 liefert **16 – 144** vergleichbare Zivilisationen.
Das Seager-korrigierte Allgemeine Grundmodell 11.5.1 liefert **20 – 243** vergleichbare Zivilisationen.

**12.4.2 Satz**       **Es existieren wahrscheinlich maximal 6 bis 79 raumfahrende Zivilisationen, in unserer Galaxie.**

Das Allgemeine Grundmodell 8.5.2 liefert **7 – 197** raumfahrende Zivilisationen.
Das Drake-korrigierte Allgemeine Grundmodell 9.9.2 liefert **5 – 47** raumfahrende Zivilisationen.
Das Seager-korrigierte Allgemeine Grundmodell 11.5.2 liefert **7 – 79** raumfahrende Zivilisationen.

## 12.4.3 Satz    Es existieren wahrscheinlich maximal 1 bis 10 alte Zivilisationen, in unserer Galaxie.

Das Allgemeine Grundmodell 8.5.4 liefert **1 – 25** alte Zivilisationen.
Das Drake-korrigierte Allgemeine Grundmodell 9.9.3 liefert **1 – 6** alte Zivilisationen.
Das Seager-korrigierte Allgemeine Grundmodell 11.5.3 liefert **1 – 10** alte Zivilisationen.

Der Allgemeine Ansatz passt in allen Fällen zu den Werten des Allgemeinen Grundmodells.
Der Allgemeine Ansatz passt auch in allen Fällen zu den Werten des Drake- als auch des Seager-korrigierten Allgemeinen Grundmodells.
Dies bestätigt noch einmal, dass der **Allgemeine Ansatz** sowie das **Allgemeine Grundmodell** zwei **äquivalente** Betrachtungsweisen darstellen.


## 12.5 - Grundmodell und Allgemeiner Ansatz

Wie das Kapitel 12 zeigt, kann man das Allgemeine Grundmodell als Äquivalent zum Allgemeinen Ansatz 12.2.2 betrachten.
Damit dies genau der Fall ist, müssen beide Gleichungen äquivalent zueinander sein.

Allgemeiner Ansatz: $\qquad N_{Ziv} = A \cdot F_{ph} \cdot F_k \cdot F_{Liz}$

Allgemeines Grundmodell: $\qquad N_{zexGal} = A \cdot F_{ph} \cdot F_{gae} \cdot F_{Liz}$

Es muss dann gelten:

$$N_{Ziv} = N_{zexGal}$$

$$A \cdot F_{ph} \cdot F_k \cdot F_{Liz} = A \cdot F_{ph} \cdot F_{gae} \cdot F_{Liz}$$

**12.5.1 Gleichung** $\qquad F_k = F_{gae}$

Die Wahrscheinlichkeit $F_{gae}$ für die Erdähnlichkeit muss in der **derselben Größenordnung** liegen, wie die Beobachtungswahrscheinlichkeiten $F_k$, damit die Modelle äquivalent sind.

## 12.6 - Drake-Gleichung und Allgemeiner Ansatz

Wie die Transformation insgesamt zeigt, kann man die Drake- Gleichung, nach Anpassung an das Grundmodell, als Äquivalent zum Allgemeinen Ansatz 12.2.2 betrachten.
Damit dies genau der Fall ist, müssen beide Gleichungen äquivalent zueinander sein.

Allgemeiner Ansatz: $\qquad N_{Ziv} = A \cdot F_{ph} \cdot F_k \cdot F_{Liz}$

Die transformierte Drake-Gleichung: $\qquad N = R \cdot F_p \cdot F_{Liz} \cdot L$

Es muss dann gelten:

$$N_{Ziv} = N$$

$$A \cdot F_{ph} \cdot F_k \cdot F_{Liz} = R \cdot F_p \cdot F_{Liz} \cdot L$$

$$A \cdot F_h \cdot F_k = R \cdot L$$

Aus dem letzten Kapitel 12.4 gilt: $F_k = F_{gae}$. Einsetzen in die Gleichung liefert:

$$A \cdot F_h \cdot F_{gae} = R \cdot L$$

Auflösen der Gleichung nach $F_{gae}$ ergibt:

$$F_{gae} = R \cdot L / A \cdot F_h$$

Weiteres Auflösen nach $F_e$ ergibt:

$$F_e = R \cdot L / A \cdot F_h \cdot F_g \cdot F_a$$

Für die Wahrscheinlichkeit einer Erde $F_e$ ergibt sich damit:

$F_e = 534.000 \cdot 11,5 / (100\text{-}300) \cdot 10^9 \cdot 1{:}60 \cdot 100{:}277 \cdot 100{:}311$
$F_e = 0,010.580 - 0,031.741$
**$F_e = 1{:}95 - 1{:}32$**

Für die Erdähnlichkeit $F_{gae}$ ergibt sich damit:

$F_{gae} = F_g \cdot F_a \cdot F_e$
$F_{gae} = 100{:}277 \cdot 100{:}311 \cdot (1{:}95\text{-}1{:}32)$
**$F_{gae} = 1{:}818 - 1{:}276$**

## 12.7 - Korrekturen für die Erde

Der Allgemeine Ansatz liefert damit insgesamt:

$$1:95 \leq F_e \leq 1:32$$
$$1:818 \leq F_{gae} \leq 1:276$$

Das Drake-korrigierte Spezielle Grundmodell 9.6.1 liefert:

$$1:126 \leq F_e \leq 1: 42$$
$$1:1.085 \leq F_{gae} \leq 1:362$$

Das Seager-korrigierte Spezielle Grundmodell 11.2.1 liefert:

$$1:100 \leq F_e \leq 1:25$$
$$1:861 \leq F_{gae} \leq 1:215$$

Dadurch lassen sich jetzt die maximalen Grenzen für die Wahrscheinlichkeit einer zweiten Erde ermitteln:

**12.7.1 Gleichung** $\boxed{1:126 \leq F_e \leq 1:25}$

Daraus ergibt sich für die Erdähnlichkeit:

**12.7.2 Gleichung** $\boxed{1:1.085 \leq F_{gae} \leq 1:215}$

Die 21-fache bis 108-fache Menge an Sternen, die mit dem Keplerteleskop bis 2013 untersucht worden sind, wird noch benötigt, um eine „Erde 2" zu finden.
Wenn man die derzeitige Entdeckungsgeschwindigkeit zugrunde legt kann es noch **ein oder zwei Jahrzehnte** dauern, bis man eine zweite Erde findet.
Eine schnellere Entdeckung einer zweiten Erde ist nur möglich wenn man, in einer kürzeren Zeitspanne, noch wesentlich mehr Sterne untersuchen würde, als bis heute beobachtet.
Hier könnte das TESS-Teleskop der Ausweg sein, das seit 2018 in Betrieb ist. (siehe Seite 136) TESS soll etwa 350 mal mehr Sterne untersuchen als Kepler. Daher ist schon **innerhalb der nächsten Jahre möglich eine „Erde 2" zu finden.**
Das Grundmodell korrigiert durch Gleichung 12.7.1 und 12.7.2 wird im Folgenden das **korrigierte Spezielle bzw. Allgemeine Grundmodell** genannt.

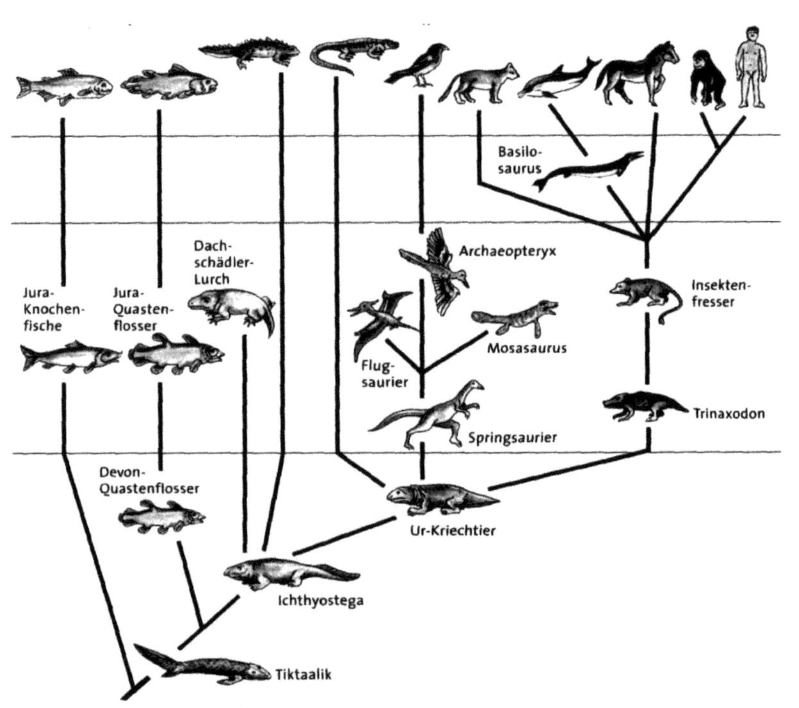

Basilo-
saurus
Dach-
schädler-
Lurch
Archaeopteryx
Jura-
Knochen-
fische
Jura-
Quasten-
flosser
Insekten-
fresser
Flug-
saurier
Mosasaurus
Devon-
Quastenflosser
Springsaurier
Trinaxodon
Ur-Kriechtier
Ichthyostega
Tiktaalik

# Teil 3

# Evolutionsmöglichkeiten

# 13 – Evolutionsstränge

## 13.1 - Entwicklungsstränge auf der Erde

Was wäre geschehen, wenn vor 65 Millionen Jahre kein Asteroid auf die Erde gefallen wäre und die Dinosaurier dadurch Zeit gehabt hätten, sich weiter zu entwickeln?
Einige Wissenschaftler sind der Meinung, dass die Saurier evolutionsbiologisch so erfolgreich waren, dass sie alle Nischen im Ökosystem belegt hatten und dadurch kein Raum für weitere Evolution gegeben war.
Neuere Erkenntnisse deuten aber darauf hin, dass unter den Theropoden, [174] speziell beim Troodon [175] eine Entwicklung zur sozialen Intelligenz stattfand. Bei ungestörter Entwicklung hätte sich dort auch eine echte Intelligenz mit Selbstbewusstsein entwickeln können. Dale Alan Russell, ein kanadischer Paläontologe, der sich mit Dinosauriern beschäftigt, spekulierte über ein hypothetisches intelligentes Endprodukt der Dinosaurierevolution. [176]
Der Mensch hat sich in 65 Millionen Jahren von einem kleinen mausgroßen Säugetier, bis hin zum Homo sapiens, entwickelt. [177] Das legt die Vermutung nahe, dass es auch für die Saurier noch eine Chance gab, „höhere" Intelligenz zu entwickeln. Und was wäre dann aus den Evolutionssträngen geworden die durch andere Katastrophen eliminiert worden sind? Schauen wir uns die unterbrochenen Entwick-lungsmöglichkeiten einmal an:

1) Vor circa 485 Millionen Jahren, am Ende des **Kambriums**, [5] starben rund 80 % aller Tier- und Pflanzenarten aus, darunter Trilobiten (Dreilappkrebse), aber auch Conodonten oder Brachiopoden (Armfüßer). Die Insekten breiteten sich aus. [73]

2) Vor ca. 360 Millionen Jahren, im oberen **Devon** (Kellwasser-Ereignis), [77] starben etwa 50 % aller Arten aus, darunter einige Fische, Korallen und die Trilobiten. Danach erfolgte das Zeitalter der Amphibien. [74]

3) Vor cirka 252 Millionen Jahren, innerhalb einer Zeitspanne von 200.000 Jahren an der **Perm-Trias-Grenze**, [78] starben 95 % aller meeresbewohnenden Arten, sowie ca. 66 % aller landbewohnenden Arten (Reptilien- sowie Amphibienarten) aus. Es begann das Zeitalter der Therapsiden. Das sind säugetierähnliche Reptilien. [74]

**4)** Vor cirka 200 Millionen Jahren, am Ende der **Trias**, [80] starben 50 bis 80 % aller Arten, unter anderem fast alle Landwirbeltiere, aus. Es folgte das Zeitalter der Dinosaurier. [74]

**5)** Vor etwa 66 Millionen Jahren, an der **Kreide-Tertiär-Grenze**, [81] starben rund 50 % aller Tierarten aus, darunter die Dinosaurier. Es begann das Zeitalter der Säugetiere, aus denen wir uns entwickelten. [74]

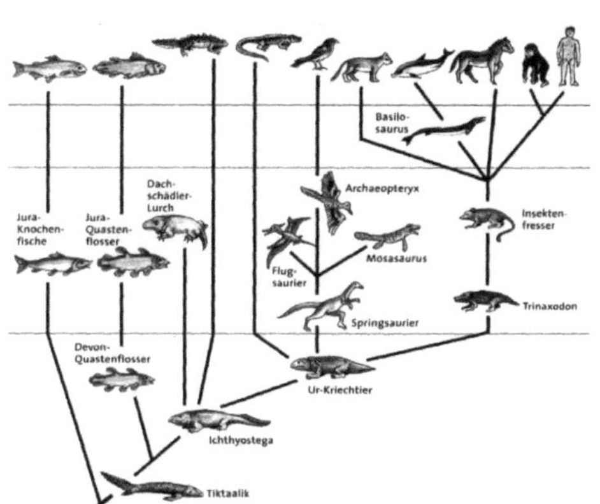


Es ist denkbar, dass sich alle vier unterbrochenen Evolutionsstränge hätten derart weiter entwickeln können, so dass daraus empfindungsfähige oder sogar intelligente Spezies entstanden wären.

Daher wird hier folgendes Axiom aufgestellt:

**13.1.1 Axiom** **Jeder Evolutionsstrang kann, bei ungestörter Entwicklung, Lebensformen hervorbringen, die bewusstseinsfähig und intelligent sind.**

Da die Entwicklung der Säugetiere die jüngste Entwicklungsebene hier auf der Erde war, kann man davon ausgehen, dass die Anzahl **N** der Spezies auf Echsenbasis größer ist, als auf Säugetierbasis. Und das es z.B. mehr reptiloide Spezies als sauroide Spezies gibt. Denkbar sind die folgenden Evolutionsstränge:

1) **Insektoide**
2) **Amphibische**
3) **Reptiloide**
4) **Sauroide**
5) **Humanoid-ähnliche**
6) **Humanoide**
7) **Sonstige (z.B. Oktopoden)**

**13.1.2 Vermutung**

$$N_{insektoid} > N_{amphibisch} > N_{reptiloid} > N_{sauroid} > N_{humanoid}$$

## 13.2 - Konvergente Entwicklung

Die biologische Konvergenztheorie [178] geht von der Annahme aus, dass viele gleiche Funktionalitäten in der Evolution, jeweils unabhängig voneinander, entstanden sind und zwar durch die auf der Erde herrschenden funktionalen Zwänge. Beispiele sind die Flügel oder das Auge, die beide von mehreren Arten unabhängig entwickelt worden sind.

Simon Conway Morris [179] ist ein britischer Paläontologe. Er ist der Hauptvertreter der Konvergenztheorie in der Evolution und der Meinung, dass sich das Leben deshalb stabil entwickelt, weil die Natur den Rahmen dafür bereit gestellt hat und das Leben unvermeidlich den selektiv-adaptiven Regeln folgt. Daher musste die Evolution zwangsläufig bei einer intelligenten Spezies ankommen. Die Entwicklung zu Komplexität und Intelligenz ist **ein Programmteil innerhalb der Evolution**.

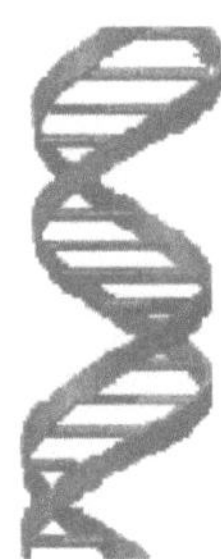

Bei der Prämisse einer Biochemie und Biophysik, beruhend auf dem Periodensystem der Elemente und ebenfalls der „Codon-Triplet-Anleitung" zum Bau von funktionalen Einheiten, auf der Basis von Proteinstrukturen, lässt sich formulieren:

**13.2.1 Axiom** **Die DNS stellt einen universellen Bauplan für die Entwicklung einer Spezies dar.**

Die Entwicklung zu Komplexität und Intelligenz, müsste auf jedem Planeten ablaufen, auf dem dies möglich ist.

Weiterhin darf angenommen werden, dass selbst bei verschiedenen Entwicklungssträngen, in der Gestalt eine gewisse Gemeinsamkeit besteht. Alle Spezies werden also folgende Körpermerkmale besitzen:

1) links-rechts Symmetrie
2) Rumpf für Atmungs- und Verdauungsorgane
3) obere Extremitäten zum Greifen von Objekten
4) untere Extremitäten zur Fortbewegung
5) Kopf mit Sensor-Organen

Somit ist anzunehmen, dass die **meisten** intelligenten Spezies eine **humanoid-ähnliche** Gestalt entwickelt haben.

## 13.3 - Differenzierung für die Gestaltmöglichkeiten

Es lässt sich noch eine Verfeinerung bei der **Wahrscheinlichkeit der Gestalt** vornehmen.

Die Gestalt ist von **r** Voraussetzungen abhängig, d.h. sie bilden die Menge **R** der Gestaltmöglichkeiten. Dann trägt jedes Element einen Beitrag zur Gesamtwahrscheinlichkeit bei. Dieser Teil beträgt:

**13.3.1 Gleichung**
$$f_j = \frac{1}{r^2}$$

Es ist: **0 < j < r + 1**

Es gilt dann für die **Gesamtwahrscheinlichkeit der Gestaltmöglichkeiten**:

**13.3.2 Gleichung**
$$F_m = \sum_{j=1}^{r} f_j = \frac{1}{r}$$

Eine Differenzierung der einzelnen Anteile erhält man dadurch, dass man die einzelnen Elemente **gewichtet**:

**13.3.3 Gleichung**
$$d_j \cdot f_j = \frac{d_j}{r^2}$$

Dann ergibt sich für die Wahrscheinlichkeit der Gestaltmöglichkeiten:

**13.3.4 Gleichung**
$$F_m = \sum_{j=1}^{r} d_j f_j$$

Insgesamt ergibt sich für die **Wahrscheinlichkeit der Gestaltmöglichkeiten**:

**13.3.5 Gleichung**
$$F_m = \frac{1}{r^2} \sum_{j=1}^{r} d_j$$

**Gleichung 13.3.5 ist der allgemeinste Ansatz der gemacht werden kann, für eine beliebige Menge R von Gestaltmöglichkeiten, die in ihrer Einwirkung durch die $d_j$ noch gewichtet werden können.**

In einem **ersten Ansatz** wird davon ausgegangen, dass alle Teile gleichwertig wirken, somit die Gewichtungsfaktoren alle eins sind, also Gleichung 13.3.2 gilt:

**13.3.6 Ansatz**

**Die Gewichtungsfaktoren werden gleich eins gesetzt:**
$$d_1 = d_2 = \ldots = d_j = \ldots = d_n = 1$$

Hier sind **7** Komponenten genannt die Gestaltmöglichkeiten darstellen..
Es gilt für die Einzelwahrscheinlichkeit: $f_j$ **= 1:49**

Daher können auch 6 andere Gestaltmöglichkeiten auftreten.
Somit ist die Chance, dass eine humanoide Gestalt entsteht **1 zu 7**.
Das entspricht einem Anteil von **14,28 %**.
Der Wahrscheinlichkeitsfaktor eine humanoide Gestalt beträgt demnach $F_m$ **= 0,1428 = 1:7**.

Dieser Ansatz wird in allen folgenden Betrachtungen als Grundlage der Berechnungen benutzt.

## 13.4 - Humanoide in sonnenähnlichen Systemen

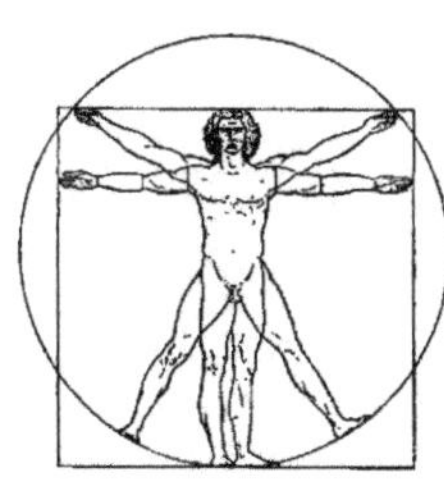

Außer den bekannten 5 Evolutionssträngen ergäbe sich als 6te Möglichkeit eine humanoid-ähnliche Struktur und als 7te Möglichkeit noch eine vollkommen anders strukturierte Entwicklung, z.B. ein Evolutionsstrang, der keine besondere Gestalt, wie z.B. Oktopoden, ausgebildet hat.

Die Chance eine **humanoide Spezies** anzutreffen beträgt daher 1 zu 7. Der Wahrscheinlichkeitsfaktor beträgt somit $F_m$ = 0,1428 = **1:7**.

Abgeleitet aus Gleichungssystem 6.3.3 ergibt sich für die Anzahl humanoider Arten, in der Galaxie:

**13.4.1 Gleichung** $\boxed{N_{me} = A \cdot F_{sph} \cdot F_{gae} \cdot F_{Liz} \cdot F_m}$

Einsetzen aller Werte ($F_{gae}$ = 1:215) in die Gleichung 13.4.1 liefert:

$N_{me1}$ = (100-300)·10$^9$ · 1:15.000 · 1:215 · 1:1.040 · 1:7
**$N_{me1}$ = 4 – 13    menschliche Zivilisationen**

Einsetzen aller Werte ($F_{gae}$ = 1:1.085) in die Gleichung 13.4.1 liefert:

$N_{me2}$ = (100-300)·10$^9$ · 1:15.000 · 1:1.085 · 1:1.040 · 1:7
**$N_{me2}$ = 1 – 3    menschliche Zivilisationen**

Die beiden Ergebnisse lassen sich dann zusammenfassen, zu folgender Aussage:

**13.4.2 Satz**    **Es könnten zwischen 1 bis 13 menschenähnliche Spezies, in sonnenähnlichen Sternsystemen, in der Galaxie existieren.**

Die anderen Spezies wären anders in der Gestalt, in der Biologie, in ihrer Biochemie und Genetik und auch unterschiedlich in ihrer Zivilisation und ihrem Sozialverständnis.

Im **ungünstigsten** Fall könnten wir die **einzige menschliche Spezies**, in einem sonnenähnlichen System, sein.

Die Wahrscheinlichkeit für eine wirklich humanoide Spezies lautet:

**13.4.3 Definition**        $F_{me} = F_{sph} \cdot F_{gae} \cdot F_{Liz} \cdot F_m$

$$F_{me} = 1{:}15.000 \cdot (1{:}1.085\text{-}1{:}215) \cdot 1{:}1.040 \cdot 1{:}7$$
$$F_{me} = 1{:}23.488.000.000 - 1{:}118.482.000.000$$

Nur jedes **23.488 bis 118.482 Milliardste** sonnenähnliche System könnte dann eine wirklich menschenähnliche, Spezies beherbergen.


## 13.5 - Korrigiertes Allgemeines Grundmodell

Geht man davon aus, dass auch nicht sonnenähnliche Sterne, eine gleiche oder ähnliche Häufigkeit für humanoide Spezies besitzen, dann lässt sich das Allgemeine Grundmodell anwenden.

**13.5.1 Ansatz** **In Sternsystemen, die nicht sonnenähnlich sind, bestehen wahrscheinlich die gleichen oder ähnliche Häufigkeiten, für humanoide Spezies wie in sonnenähnlichen Systemen.**

Gleichung 8.4.1 lässt sich dann modifizieren:

**13.5.2 Gleichung** $\quad N_{mex} = A \cdot F_X \cdot F_{ph} \cdot F_{gae} \cdot F_{Liz} \cdot F_m$

Die Anzahl $N_{mexGal}$ aller Sternsysteme, mit habitablen, erdähnlichen Planeten und mit menschenähnlichen Spezies, in der Galaxie, ergibt sich dann näherungsweise zu ($\Sigma F_x = 1$):

**13.5.3 Gleichung** $\quad N_{mexGal} = \Sigma N_{mex} \approx A \cdot F_{ph} \cdot F_{gae} \cdot F_{Liz} \cdot F_m$

Einsetzen aller Werte ($F_{gae}$ = 1:214) in die Gleichung 13.5.3 liefert:

$$N_{mexGal1} \approx (100\text{-}300)\cdot 10^9 \cdot 1{:}4.200 \cdot 1{:}215 \cdot 1.1.040 \cdot 1{:}7$$
$$N_{mexGal1} \approx \textbf{15 - 46} \qquad \textbf{humanoide Spezies in der Galaxie}$$

Einsetzen aller Werte ($F_{gae}$ = 1:1.078) in die Gleichung 13.5.3 liefert:

$$N_{mexGal2} \approx (100\text{-}300)\cdot 10^9 \cdot 1{:}4.200 \cdot 1{:}1.085 \cdot 1{:}1.040 \cdot 1{:}7$$
$$N_{mexGal2} \approx \textbf{3 - 9 humanoide Spezies in der Galaxie}$$

Die beiden Ergebnisse lassen sich dann zu folgender Aussage zusammenfassen:

**13.5.4 Satz** **Es könnten zwischen 3 bis 46 humanoide Spezies, in der Galaxie existieren.**

Nach Satz 8.4.5 liegt die Anzahl der Sternsysteme, mit erdähnlichen Planeten, in habitablen Zonen, die Zivilisationen tragen könnten, maximal wahrscheinlich zwischen **35 – 1.034**. Die Anzahl der humanoiden Zivilisationen macht nur einen kleinen Teil der vorhandenen Zivilisationen in der Galaxie aus.

**13.5.5 Gleichung**
$$\boxed{N_{zeGal} > N_{mzGal}}$$

Die Wahrscheinlichkeit einen erdähnlichen Planeten, mit einer humanoiden Spezies, zu finden beträgt dann:

**13.5.6 Definition**
$$F_{mex} = F_{ph} \cdot F_{gae} \cdot F_{Liz} \cdot F_m$$

$F_{mex}$ = 1:4.200 · (1:1.085-1:215) · 1:1.040 · 1:7
$F_{mex}$ = 1:6.573.840.000 – 1:33.174.960.000

Nur jedes **6,573 – 33,174 Milliardste** Sternsystem besitzt dann einen Planeten, mit einer humanoiden Zivilisation.


## 13.6 - Allgemeiner Ansatz

Der Allgemeine Ansatz kann hier ebenfalls angewandt werden. Gleichung 12.2.2 lässt sich dann modifizieren:

**13.6.1 Gleichung**
$$N_{mex} = A \cdot F_X \cdot F_{ph} \cdot F_k \cdot F_{Liz} \cdot F_m$$

Die Anzahl $N_{mexGal}$ aller Sternsysteme, mit habitablen, erdähnlichen Planeten und mit menschenähnlichen Spezies, in der Galaxie, ergibt sich dann näherungsweise zu ($\Sigma F_x = 1$):

**13.6.2 Gleichung**
$$N_{mexGal} = \Sigma N_{mex} \approx A \cdot F_{ph} \cdot F_k \cdot F_{Liz} \cdot F_m$$

Für $F_k$ kann man zwei Werte nehmen, den für G-Sterne und den für M-Sterne. Einsetzen der Werte ($F_k$ = 0,0047) in die Gleichung 13.6.2 ergibt:

$N_{mexGal1} \approx (100\text{-}300) \cdot 10^9$ · 1:4.200 · 0,004.65 · 1:1.040 · 1:7
$N_{mexGal1} \approx$ **15 – 46**     **humanoide Spezies in der Galaxie**

Einsetzen der Werte ($F_k$ = 0,001) in die Gleichung 13.6.2 ergibt:

$$N_{mexGal2} \approx (100\text{-}300){\cdot}10^9 \cdot 1{:}4.200 \cdot 0{,}001 \cdot 1{:}1.040 \cdot 1{:}7$$

$N_{mexGal2} \approx 3 - 10$      **humanoide Spezies in der Galaxie**

Die beiden Ergebnisse lassen sich dann zu folgender Aussage zusammenfassen:

**13.6.3 Satz**      **Es könnten zwischen 3 bis 46 humanoide bzw. humanoid analoge Spezies, in der Galaxie existieren.**

Nach dem Allgemeinen Grundmodell 13.5.4 existieren **3 – 46** humanoide Spezies, in der Galaxie. Damit besteht hier Übereinstimmung im Allgemeinen Grundmodell und im Allgemeinen Ansatz.

**13.6.4 Satz**      **Es existiert eine gute Wahrscheinlichkeit, dass wir nicht die einzigen Humanoiden in der Galaxie sind.**


## 13.7 - Arbeitshypothese

Alle bisher gemachten Voraussetzungen und Axiome können als **erste Annahmen** bzw. **erste Ansätze** betrachtet werden, wie z.B. die Aussagen über Leben oder Evolution, oder die gleichen Wahrscheinlichkeiten in nicht sonnenähnlichen Sternsystemen, usw. Bei zukünftigen genaueren Daten können diese Annahmen, je nach Bedarf und Möglichkeit, weiter differenziert werden. Wie bei jedem falsifizierbarem Modell, können durch neuere Daten einzelne Aussagen modifiziert oder gar revidiert werden, wobei die Gesamtstruktur und auch der Inhalt des vorliegenden Modells aber weiterhin ihre Gültigkeit behält. Mit allen bis hierhin vorliegenden Gleichungen, Definitionen, Wahrscheinlichkeitsfaktoren, sowie Axiomen und Sätzen liegt daher nun ein Ansatz vor, der auf experimentellen bzw. empirischen Daten beruhend, jederzeit durch anfallende zukünftige Daten Differenzierungen zulässt und somit als **Arbeitshypothese** für Wahrscheinlichkeitsbetrachtungen zu außerirdischen Zivilisationen dienen kann.
Wenn, durch zukünftige Untersuchungen, eine immer bessere Signifikanz der bisherigen Wahrscheinlichkeitswerte erreicht wird, (nach Satz 6.1.2 innerhalb der nächsten zwei Jahrhunderte) wandeln sich die Wahrscheinlichkeiten von Wahrscheinlichkeitsfaktoren in einfache Verteilungs- bzw. Häufigkeitswerte.
Damit wandelt sich auch das Wahrscheinlichkeitsmodell zu einem einfachen, **empirischen Verteilungsmodell**, hinsichtlich Planeten, Leben, Intelligenz und Zivilisationen in unserer Galaxie.

# 13.8 - Wahrscheinlichkeiten

Hier noch einmal die Werte für alle bisher gefundenen Wahrscheinlichkeitsfaktoren:

| Symbol | Rate | Faktor | Bezeichnung |
|---|---|---|---|
| $F_s$ | 7:25 | 0,28 | G-Sterne |
| $F_{Rz}$ | 7:10 | 0,7 | M-Sterne |
| $F_p$ | 1:70 | 0,014.285 | G-Sterne mit Planeten |
| $F_h$ | 1:60 | 0,016.666 | Planeten in habitablen Zonen |
| $F_g$ | 100.277 | 0,361.010 | etwa erdgroße Planeten |
| $F_a$ | 100:311 | 0,321.543 | entfernt erdähnliche Planeten |
| $F_e$ | 1:126 – 1:25 | 0,0079 - 0,04 | erdähnliche Planeten |

| Symbol | Rate | Faktor | Bezeichnung |
|---|---|---|---|
| $F_{hsub}$ | 1:52 | 0,019.230 | Suberden |
| $F_{hsup}$ | 100:159 | 0,628.930 | Supererden |

| Symbol | Rate | Faktor | Bezeichnung |
|---|---|---|---|
| $F_{sph}$ | 1:15.000 | 0,000.066 | Habitable Planeten, G-Stern |
| $F_{ph}$ | 1:4.200 | 0,000.238 | Habitable Planeten |
| $F_{gae}$ | 1:1085–1:215 | 0,0009-0,0046 | Erdähnlichkeit |

| Symbol | Rate | Faktor | Bezeichnung |
|---|---|---|---|
| $F_L$ | 1:10 | 0,1 | Planeten mit Leben |
| $F_i$ | 1:13 | 0,076.923 | intelligente Spezies |
| $F_z$ | 1:7,943 | 0,125.895 | technologische Zivilisation |
| $F_z$ | 1:10,522 | 0,095.038 | vergleichbare Zivilisation |
| $F_z$ | 1:32,448 | 0,030.817 | raumfahrende Zivilisation |
| $F_u$ | 1:8 | 0,125 | alte Zivilisationen |
| $F_m$ | 1:7 | 0,142.857 | humanoide Zivilisation |

| Symbol | Rate | Faktor | Bezeichnung |
|---|---|---|---|
| $F_{Liz}$ | 1:1.040 | 0,000.981 | technologische Zivilisation |
| $F_{Liz}$ | 1:1.368 | 0,000.730 | vergleichbare Zivilisation |
| $F_{Liz}$ | 1:4.218 | 0,000.237 | raumfahrende Zivilisationen |

| Symbol | Rate | Faktor | Bezeichnung |
|---|---|---|---|
| $F_k$ | 1.215 | 0,004.65 | Beobachtbarkeit G-Sterne |
| $F_k$ | 1:1000 | 0,001 | Beobachtbarkeit M-Sterne |

# 14 – Etwa erdgroße Planeten

## 14.1 - Einfluss der Schwerkraft

Suberden und Supererden mögen zwar niederes Leben hervorbringen. Die Wahrscheinlichkeit für intelligente Spezies oder sogar Zivilisationen geht hier aber gegen Null. Außer den erdähnlichen Planeten kommen dann nur noch **etwa erdgroße Planeten** in Betracht.

Es sei noch darauf hingewiesen, dass auch auf Monden, mit den entsprechenden Bedingungen, Leben, Intelligenz und Zivilisation entstehen kann, z.B. als Mond eines Riesenplaneten in einer habitablen Zone. Diese Thematik wird hier nicht behandelt, da noch zu wenige Daten vorliegen.

Grundsätzlich kann **Leben, Intelligenz und Zivilisation** ebenso auf etwa erdgroßen Planeten, in sonnenähnlichen Sternsystemen, entstehen wie auf erdähnlichen Planeten. Auch hier kann man das Grundmodell anwenden.

Laut dem *„Habitable Exoplanets Catalog"*, vom Dezember 2017, sind 21 von 53 habitablen Planeten etwa erdgroß.

17 der gefundenen, etwa erdgroßen, Planeten liegen in einem Bereich von 1,3 bis 4,8 Erdmassen. 4 Planeten liegen außerhalb dieses Bereiches. Dann liegt eine Wahrscheinlichkeit von $F_{gg}$ **= 17:21** für Planeten vor, die eventuell Leben tragen könnten. Dann gilt für die Wahrscheinlichkeit eines etwa erdgroßen Planeten:

**14.1.1 Gleichung**

$$F_{hgg} = F_g \cdot F_{gg}$$
$$F_{hgg} = 100{:}277 \cdot 17{:}21$$
$$\mathbf{F_{hgg} = 1.700{:}5.817}$$

Man kann davon ausgehen, dass die Wahrscheinlichkeit für Leben mit der Schwerkraft abnimmt. Ein Ansatz lässt sich dadurch erreichen, dass man das Quadrat der Erdemassen zur Berechnung der Wahrscheinlichkeit $F_L$ benutzt. Für alle etwa erdgroßen Planeten gilt dann:

$$\mathbf{F_{Lg} = 1{:}m_E^{\,2}} \qquad \textbf{und } \mathbf{m_E = Anzahl \ der \ Erdmassen}$$

In der folgenden Abbildung auf der nächsten Seite ist der Zusammenhang noch einmal graphisch dargestellt.

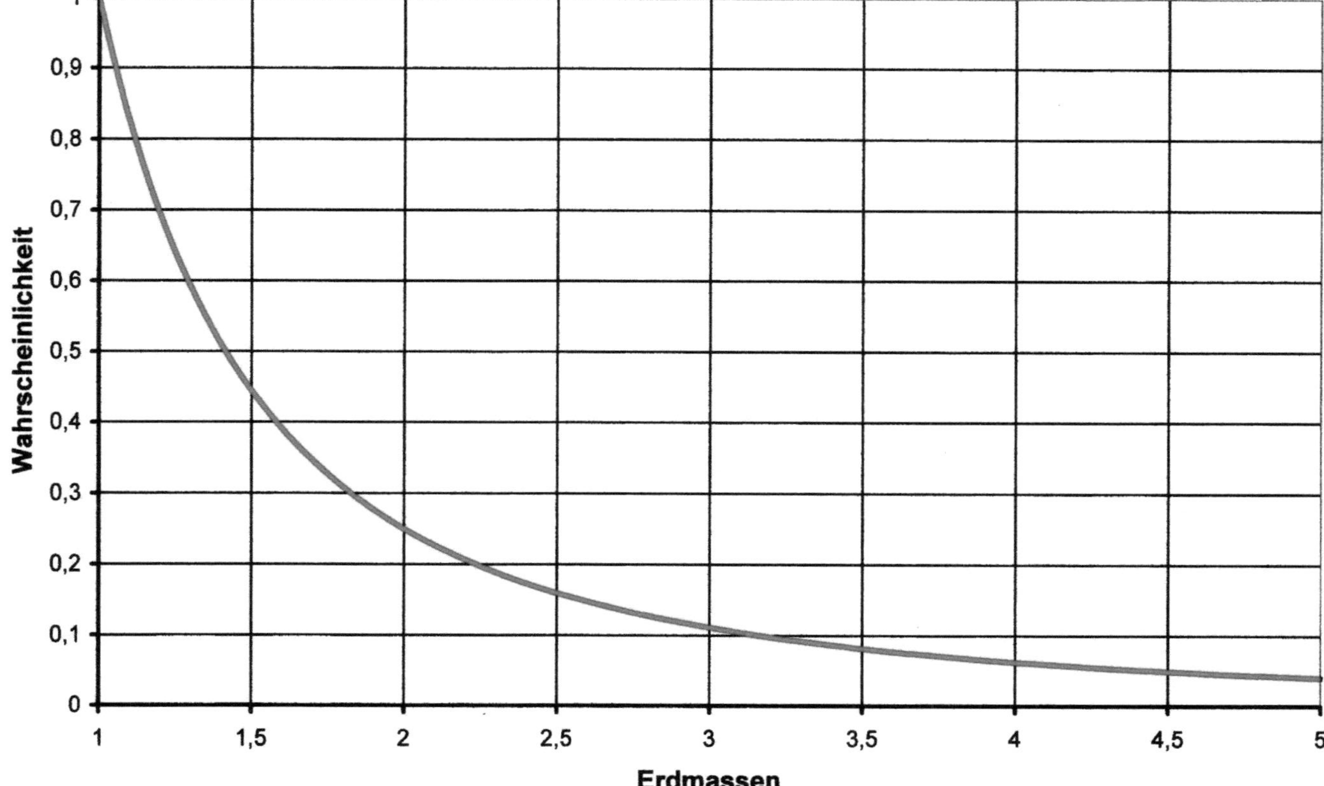

Wahrscheinlichkeit
Erdmassen

Die Auswertung der Planetendaten ergibt folgende Tabelle:

| Anzahl | $m_E$ | Mittelwert $m_E$ | $F_{Lg}$ |
|---|---|---|---|
| [n] | Erdmassen | | |
| | | | |
| 5 | 1,3 - 1,8 | 1,44 | 0,482.253 |
| 8 | 2,0 - 2,8 | 2,6 | 0,147.928 |
| 2 | 3.3 - 3,8 | 3,65 | 0,075.060 |
| 2 | 4,3 - 4,8 | 4,55 | 0,048.303 |

Die Wahrscheinlichkeit, für eine Gruppe von etwa erdgroßen Planeten, ergibt sich dann zu:

**14.1.2 Gleichung** $\qquad$ $F_{Lgm} = F_n \cdot F_{Lg}$ $\qquad$ und $F_n = n{:}17$

Für die Wahrscheinlichkeit, für alle etwa erdgroßen Planeten, ergibt sich dann der Mittelwert mit:

**14.1.3 Gleichung** $\qquad$ $F_{LG} = (\Sigma\, F_{Lgm}\,)/17$

$$F_{LG} = (5{:}17 \cdot 0{,}482.253$$
$$+ 8{:}17 \cdot 0{,}147.928$$
$$+ 2{:}17 \cdot 0{,}075.060$$
$$+ 2{:}17 \cdot 0{,}048.303)/17$$
$$= 0{,}225.965\,/17$$
$$F_{LG} \approx 1{:}75$$

## 14.2 - Leben und Zivilisation

Nach Kapitel 4 beträgt die Wahrscheinlichkeit für einen belebten Planeten $F_L = 1{:}10$. Insgesamt ergibt sich die Wahrscheinlichkeit für belebte etwa erdgroße Planeten zu:

**14.2.1 Gleichung** $\qquad$ $F_{Lgg} = F_L \cdot F_{LG}$
$$F_{Lgg} = 1{:}10 \cdot 1{:}75$$
$$F_{Lgg} = 1{:}750$$

Nach Kapitel 5 beträgt die Wahrscheinlichkeit für einen belebten Planeten mit einer intelligenten Spezies $F_i = 1{:}13$. Es spricht nichts dagegen, dass auch auf etwa erdgroßen Planeten die gleiche Wahrscheinlichkeit gilt.
Wie in Kapitel 6.2 ist zu erwarten, dass die Anzahl der Zivilisationen

**172**

über die Entwicklungsstufen hinweg abnimmt, wobei hier ein verschärfter Ansatz genutzt wird.

**14.2.2 Ansatz** Die Wahrscheinlichkeit $F_z$ für eine Zivilisation ist umgekehrt proportional zum Quadrat der Entwicklungsstufe.

$$F_z = 1:m^2 \qquad \text{und } m = \text{Entwicklungsstufe}$$

In der nachfolgenden Grafik, auf der nächsten Seite, ist das noch einmal bildlich dargestellt.

Lediglich drei der acht Entwicklungsstufen stellen höhere technologische Zivilisationen dar, nämlich die Stufen 6, 7 und 8. Das entspricht einer Wahrscheinlichkeit von:

$$F_{zg} = 1:36 + 1:49 + 1:64$$
$$F_{zg} = 1.801:28.224$$
$$F_{zg} = 0,063.81 \approx 1:16$$

Insgesamt ergibt für die Anzahl der technologischen Zivilisationen auf etwa erdgroßen Planeten:

**14.2.3 Gleichung** $\qquad N_{zg} = A \cdot F_{sph} \cdot F_{hgg} \cdot F_{Lgg} \cdot F_i \cdot F_{zg}$

Einsetzen aller ermittelten Werte in die Gleichung 14.2.3 ergibt:

$$N_{zg} = (100\text{-}300) \cdot 10^9 \cdot 1:15.000 \cdot 1.700:5.817 \cdot 1:750 \cdot 1:13 \cdot 1:16$$

**$N_{zg}$ = 13 – 38 technologische Zivilisationen**

Trotz kleiner Wahrscheinlichkeiten ergibt sich dennoch eine kleine Anzahl von möglichen technologischen Zivilisationen.

Gleichung 14.2.3 ist eine **Modifikation** der Gleichung 6.3.3 für erdähnliche Planeten in sonnenähnlichen Sternsystemen. Hier modifiziert dargestellt für habitable, etwa erdgroße Planeten, in sonnenähnlichen Sternsystemen.

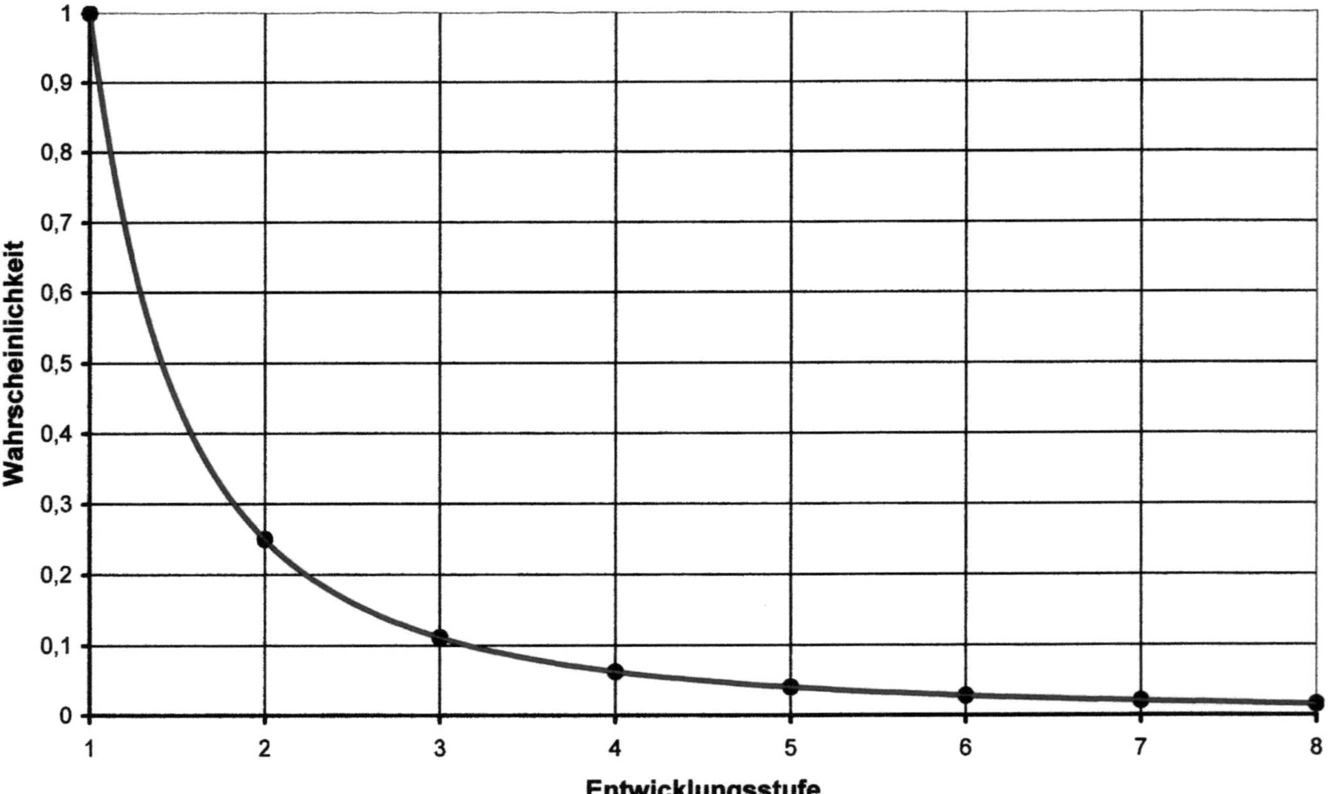

Wahrscheinlichkeit
1
0,9
0,8
0,7
0,6
0,5
0,4
0,3
0,2
0,1
0
1
2
3
4
5
6
7
8
Entwicklungsstufe

## 14.3 - Nicht sonnenähnliche Systeme

Analog zum bisherigen Grundmodell kann man auch hier Gleichung 14.2.3 für Zivilisationen auf etwa erdgroßen Planeten in sonnenähnlichen Systemen so erweitern, dass sie für allgemeine Sternsysteme mit habitablen, etwa erdgroßen Planeten gilt, die Zivilisationen hervorbringen könnten.

### 14.3.1 Gleichung $\qquad N_{zgx} = A \cdot F_x \cdot F_{ph} \cdot F_{hgg} \cdot F_{Lgg} \cdot F_i \cdot F_{zg}$

Die Zahl $N_{zgxGal}$ aller Sternsysteme mit habitablen, etwa erdgroßen Planeten, mit technologischen Zivilisationen, in der Galaxie ist dann die Summe über alle Spektralklassen hinweg:

### 14.3.2 Gleichung $\qquad N_{zgxGal} = \Sigma N_{zgx}$

$$N_{zgxGal} = A \cdot \Sigma (F_x \cdot F_{ph} \cdot F_{hgg} \cdot F_{Lgg} \cdot F_i \cdot F_{zg})$$

Geht man davon aus, dass auch nicht sonnenähnliche Sterne, eine gleiche oder ähnliche Häufigkeit für technologische Zivilisationen aufweisen, so kann man eine Überschlagsrechnung machen, wie viele Systeme mit etwa erdgroßen Planeten, die Zivilisationen tragen, maximal existieren könnten.

### 14.3.3 Ansatz

**In Sternsystemen, die nicht sonnenähnlich sind, bestehen wahrscheinlich die gleichen oder ähnliche Häufigkeiten, für etwa erdgroße Planeten, mit Zivilisationen, wie in sonnenähnlichen Systemen.**

Die Zahl $N_{zgxGal}$ aller Sternsysteme, mit habitablen, etwa erdgroßen Planeten, mit technologischen Zivilisationen, in der Galaxie ($\Sigma F_x=1$), ergibt sich dann näherungsweise zu:

### 14.3.4 Gleichung $\qquad N_{zgxGal} = \Sigma N_{zex} \approx A \cdot F_{ph} \cdot F_{hgg} \cdot F_{Lgg} \cdot F_i \cdot F_{zg}$

Einsetzen aller Werte in die Gleichung 14.3.4 liefert:

$$N_{zgxGal} = (100\text{-}300) \cdot 10^9 \cdot 1{:}4.200 \cdot 1.700{:}5.817 \cdot 1{:}750 \cdot 1{:}13 \cdot 1{:}16$$

$N_{zgxGal} = \mathbf{45 - 134}$ **technologischen Zivilisationen.**

Das sind mehr Zivilisationen wie in Systemen mit roten Zwergen, aber weniger als Zivilisationen auf „Erden 2" in sonnenähnlichen Systemen.

**Gleichung 14.3.4 ist eine *Modifikation* der Gleichung 8.4.2 für Zivilisationen auf habitablen Planeten in beliebigen Sternsystemen in der Galaxie. Hier modifiziert dargestellt für habitable, etwa erdgroße Planeten.**


## 14.4 - Fazit

Insgesamt ergibt sich aus den Betrachtungen dieses Kapitels, eine gute Wahrscheinlichkeit, dass auch auf **etwa erdgroßen Planeten** Leben, Intelligenz und Zivilisation existieren kann.
Aufgrund der Schwerkraft dürfte das Leben dort aber andere Gestaltungsformen annehmen, als wir von der Erde gewohnt sind.

Mit den etwa erdgroßen Planeten aus diesem Kapitel und den Betrachtungen zu den roten Zwergen aus Kapitel 10 ergibt sich eine gute Wahrscheinlichkeit, dass auch auf andersgearteten Planeten bzw. Sternsystemen Leben, Intelligenz und Zivilisation entstehen könnten.

Mit den etwa erdgroßen und erdähnlichen Planeten um G-Sterne bzw. M-Sterne sind fast alle Möglichkeiten für Leben, Intelligenz und Zivilisation abgedeckt.
Es verbleiben nur noch Zwei-Planetensysteme und Monde (die um Riesenplaneten in einer habitablen Zone kreisen) die Leben bzw. Zivilisation hervorbringen könnten. Hier liegen aber noch keine Informationen vor.

# 15 – Verteilungen

Die im Folgenden präsentierten Werte sind eine Zusammenfassung aus den bisher gezeigten Berechnungen.

## 15.1 - Verteilung von Rohstoffen

### Drake-korrigiertes Spezielles Grundmodell

Die Verteilung von Rohstoffen auf einer „Erde 2" in der Galaxie lässt sich mit den korrigierten Werten der Erde ermitteln.
Nach Satz 9.6.3 existieren **6.144 – 55.249** „Erden 2", in unserer Galaxie.
Nach Satz 9.7.1 beträgt die Anzahl der sonnenähnlichen Sternsysteme, in der Galaxie, mit einer „Erde 2" in habitabler Zone, die Leben tragen, **614 – 5.525** Systeme.
Wenn 55.249 „Erden 2" existieren und nur 5.525 davon Leben tragen, dann verbleiben noch 49.724 unbelebte, erdähnliche Planeten, von denen anorganische Rohstoffe zu holen wären.
Nach Satz 9.7.2 beträgt die Anzahl der sonnenähnlichen Sternsysteme, in der Galaxie, mit einer „Erde 2" in habitabler Zone, die intelligente Spezies beheimaten **48 – 425** Systeme.
Wenn 5.525 „Erden 2" mit Leben existieren und nur 425 davon Intelligenz tragen, dann verbleiben noch 5.100 belebte, erdähnliche Planeten, von denen organische Rohstoffe zu holen wären.

### Seager-korrigiertes Spezielles Grundmodell

Die Verteilung von Rohstoffen auf einer „Erde 2" in der Galaxie lässt sich mit den korrigierten Werten der Erde ermitteln.
Nach Satz 11.2.3 existieren **7.743 – 93.023** „Erden 2", in unserer Galaxie.
Nach Satz 11.3.1 beträgt die Anzahl der sonnenähnlichen Sternsysteme, in der Galaxie, mit einer „Erde 2" in habitabler Zone, die Leben tragen, **774 – 9.302** Systeme.
Wenn 93.023 „Erden 2" existieren und nur 9.302 davon Leben tragen, dann verbleiben noch 83.721 unbelebte, erdähnliche Planeten, von denen anorganische Rohstoffe zu holen wären.
Nach Satz 11.3.2 beträgt die Anzahl der sonnenähnlichen Sternsysteme in der Galaxie, mit einer „Erde 2" in habitabler Zone, die intelligente Spezies beheimaten, **60 – 716** Systeme.
Wenn 9.302 „Erden 2" existieren mit Leben und nur 716 davon Intelligenz tragen, dann verbleiben noch 8.586 belebte, erdähnliche Planeten, von denen organische Rohstoffe zu holen wären.

Daher ergibt sich insgesamt aus dem korrigierten Grundmodell:

**15.1.1 Satz**      **Es könnten zwischen 55.249 bis 93.023 unbelebte, erdähnliche Planeten in der Galaxie existieren, von denen anorganische Rohstoffe zu holen wären.**

**15.1.2 Satz**      **Es könnten zwischen 5.525 bis 9.302 belebte, erdähnliche Planeten in der Galaxie existieren, von denen organische Rohstoffe zu holen wären.**

Nach Satz 2.4.3 beträgt die Anzahl der sonnenähnlichen Sternsysteme mit etwa erdegroßen Planeten, in habitablen Zonen, in unserer Galaxie, **2,407 – 7,22 Millionen**.
Nach Satz 2.6.5 beträgt die Anzahl der sonnenähnlichen Sternsysteme in unserer Galaxie, mit entfernt erdähnlichen Planeten in habitablen Zonen, **0,774 – 2,322 Millionen**.
Kapitel 14 hat gezeigt das auf etwa erdgroßen Planeten nur eine minimale Anzahl von Zivilisationen vorhanden ist. Es existieren somit **mehrere Millionen unbelebter, erdgroßer und erdähnlicher Planeten**, von denen Rohstoffe zu holen wären.

Hinzu kommen dann noch **Milliarden** Planetoide, Monde und Asteroiden, die abbaubar wären.
Wenn eine Spezies interstellare Raumfahrt betreibt, dürfte die Rohstoffbeschaffung auf unbewohnten Planeten oder Planetoiden bzw. Monden, keine großen Probleme darstellen.
Ob es um chemische Elemente, Metalle, Erze, Minerale, Wasser, Gase oder gar organisches Material wie Holz geht, braucht man dazu keine bewohnten Planeten anfliegen (oder gar erobern). Es gibt genug unbewohnte Planeten.
Und an einigen Orten sogar in höherer Konzentration, als auf Planeten. Dort wäre ein Abbau sogar wesentlich attraktiver. Darunter sind auch Rohstoffe, die für uns erst in Zukunft interessant und dann zugänglich wären, wie etwa Helium 3 oder Methan.
Helium 3 ließe sich in ausreichenden Mengen aus Mondgestein extrahieren. Methan und Methanhydrat lässt sich auf Titan einfach abtragen. Und Iridium, sowie die sogenannte seltenen Erden, dürften auf einigen Asteroiden wesentlich reichhaltiger, als auf der Erde vorkommen.

**15.1.3 Satz**      **Rohstoffe gibt es in der Galaxie in „Hülle und Fülle".**

## 15.2 - Maximalverteilung von Zivilisation

Die maximale Anzahl der Zivilisationen in der Galaxie ergibt sich aus der Anzahl intelligenter Spezies. Und zwar dann, wenn alle intelligenten Spezies es bis zur Zivilisation geschafft hätten.

**Drake-korrigiertes Spezielles Grundmodell**
Nach Satz 9.7.2 beträgt die Anzahl der sonnenähnlichen Sternsysteme in der Galaxie, mit einer „Erde 2" in habitabler Zone, die intelligente Spezies beheimaten, **48 – 425** Systeme.

**Seager-korrigiertes Spezielles Grundmodell**
Nach Satz 11.3.2 beträgt die Anzahl der sonnenähnlichen Sternsysteme in der Galaxie, mit einer „Erde 2" in habitabler Zone, die intelligente Spezies beheimaten, **60 – 716** Systeme.

**15.2.1 Satz**    **Es könnten maximal 48 bis 716 Zivilisationen auf habitablen „Erden 2", in sonnenähnlichen Sternsystemen in der Galaxie, existieren.**

Aus dem Allgemeinen Grundmodell 8.4.2 kann die Zahl $N_{ieGal}$ aller Sternsysteme mit habitablen, erdähnlichen Planeten mit intelligenten Spezies, in der Galaxie abgeleitet werden:

**15.2.2 Gleichung**    $N_{ieGal} = A \cdot \Sigma(F_X \cdot F_{ph} \cdot F_{gae} \cdot F_{Li})$

$$N_{ieGal} \approx A \cdot F_{ph} \cdot F_{gae} \cdot F_{Li}$$

Einsetzen der Werte aus dem korrigierten Grundmodell in die Gleichung 15.2.2 liefert:

$N_{ieGal} = (100\text{-}300) \cdot 10^9 \cdot 1{:}4.200 \cdot 1{:}215 \cdot 1{:}130$
$N_{ieGal}$ **= 852 – 2.556**    **intelligente Spezies**

$N_{ieGal} = (100\text{-}300) \cdot 10^9 \cdot 1{:}4.200 \cdot 1{:}1.085 \cdot 1{:}130$
$N_{ieGal}$ **= 169 – 507**    **intelligente Spezies**

Der Allgemeine Ansatz, äquivalent abgeleitet wie Gleichung 15.2.2, liefert **189 – 2.664** intelligente Spezies, in der Galaxie.

**15.2.3 Satz**    **Es könnten maximal 169 bis 2.556 Zivilisationen, auf habitablen „Erden 2" in der Galaxie existieren.**

## 15.3 - Verteilung von Zivilisation

Das **Drake-korrigierte Spezielle Grundmodell** 9.8.1 liefert **6 – 53** technologische Zivilisationen auf erdähnlichen, habitablen Planeten in sonnenähnlichen Sternsystemen, in unserer Galaxie.
Das **Seager-korrigierte Spezielle Grundmodell** 11.4.1 liefert **8 – 90** technologische Zivilisationen auf erdähnlichen, habitablen Planeten in sonnenähnlichen Sternsystemen, in unserer Galaxie.
Die **transformierte Seager-Gleichung** 10.3.2 liefert **30 – 89** technologische Zivilisationen auf habitablen Planeten in sonnenähnlichen Sternsystemen, in unserer Galaxie.

**15.3.1 Satz**   **Es könnten 6 bis 90 technologische Zivilisationen, auf habitablen „Erden 2" in sonnenähnlichen Sternsystemen in der Galaxie existieren.**

Die korrigierte **Drake-Gleichung** 9.5.4 liefert **11 – 140** außerirdische technologische Zivilisationen auf habitablen Planeten, in unserer Galaxie.
Das **Drake-korrigierte Allgemeine Grundmodell** 9.8.2 liefert **21 – 190** technologische Zivilisationen auf erdähnlichen, habitablen Planeten, in unserer Galaxie.
Das **Seager-korrigierte Allgemeine Grundmodell** 11.4.2 liefert **28 – 320** technologische Zivilisationen auf erdähnlichen, habitablen Planeten, in unserer Galaxie.
Der **Allgemeine Ansatz** 12.2.2 liefert **43 – 129** technologische Zivilisationen auf erdähnlichen habitablen Planeten, in unserer Galaxie.
Der **Allgemeine Ansatz** 12.3.3 liefert maximal **23 – 320** technologische Zivilisationen auf erdähnlichen, habitablen Planeten, in unserer Galaxie.

**15.3.2 Satz**   **Es könnten 11 bis 320 technologische Zivilisationen, auf habitablen „Erden 2" in der Galaxie, existieren.**

Das **Drake-korrigierte Allgemeine Grundmodell** 9.9.1 liefert **16 – 144** vergleichbare Zivilisationen auf erdähnlichen, habitablen Planeten, in unserer Galaxie.
Das **Seager-korrigierte Allgemeine Grundmodell** 11.5.1 liefert **20 – 243** vergleichbare Zivilisationen auf erdähnlichen, habitablen Planeten, in unserer Galaxie.
Der **Allgemeine Ansatz** 12.4.1 liefert **17 – 243** vergleichbare Zivilisationen auf erdähnlichen, habitablen Planeten, in unserer Galaxie.

**15.3.3 Satz**     **Es könnten 16 bis 243 vergleichbare Zivilisationen, auf habitablen „Erden 2" in der Galaxie, existieren.**

Das **Drake-korrigierte Allgemeine Grundmodell** 9.9.2 liefert **5 – 47** raumfahrende Zivilisationen auf erdähnlichen, habitablen Planeten, in unserer Galaxie.
Das **Seager-korrigierte Allgemeine Grundmodell** 11.5.2 liefert **7 – 79** raumfahrende Zivilisationen auf erdähnlichen, habitablen Planeten, in unserer Galaxie.
Der **Allgemeine Ansatz** 12.4.2 liefert **6 – 79** raumfahrende Zivilisationen auf erdähnlichen, habitablen Planeten in unserer Galaxie.

**15.3.4 Satz**     **Es könnten 5 bis 79 raumfahrende Zivilisationen, auf habitablen „Erden 2" in der Galaxie, existieren.**

Das **Drake-korrigierte Allgemeine Grundmodell** 9.9.3 liefert **1 – 6** alte Zivilisationen auf erdähnlichen, habitablen Planeten, in unserer Galaxie.
Das **Seager-korrigierte Allgemeine Grundmodell** 11.5.3 liefert **1 – 10** alte Zivilisationen auf erdähnlichen, habitablen Planeten, in unserer Galaxie.
Der **Allgemeine Ansatz** 12.4.3 liefert **1 – 10** alte Zivilisationen auf erdähnlichen, habitablen Planeten, in unserer Galaxie.

**15.3.5 Satz**     **Es könnten 1 bis 10 alte Zivilisationen, auf habitablen „Erden 2" in der Galaxie, existieren.**

Das **korrigierte Allgemeine Grundmodell** 13.5.4 liefert **3 – 46** humanoide Zivilisationen auf erdähnlichen, habitablen Planeten, in unserer Galaxie.
Der **Allgemeine Ansatz** 13.6.3 liefert **3 – 46** humanoide Zivilisationen auf erdähnlichen, habitablen Planeten, in unserer Galaxie.

**15.3.6 Satz**     **In der Galaxie könnten 3 bis 46 humanoide Zivilisationen auf habitablen „Erden 2" existieren.**

Die **erweiterte Seager-Gleichung** 10.2.1 für **rote Zwerge** liefert **13 – 39** technologische Zivilisationen, in der Galaxie.

Nach Gleichung 14.3.4 liefern **etwa erdgroße Planeten 45 – 134** technologischen Zivilisationen, in der Galaxie.

## 15.4 - Fazit

Wie an den Beispielen der **M-Sterne** und der **etwa erdgroßen Planeten** zu sehen war, bestehen trotz kleiner Ausgangswahrscheinlichkeiten, doch gute Chancen für die Existenz von Leben, Intelligenz und Zivilisation.
Dies liegt an der großen Anzahl der vorhandenen Sterne. Es gibt einfach so viele, dass auch Zustände geringerer Wahrscheinlichkeit sich in Sternsystemen manifestieren und insgesamt in ausreichender Anzahl erscheinen können.

Wenn Leben, Intelligenz und Zivilisation in diesem Universum eine Wahrscheinlichkeit besitzen, die **größer als Null** ist, dann existieren (aufgrund der Anzahl der Sterne) auch **mehrere** technologische Zivilisationen – und nicht nur eine. Die Wahrscheinlichkeit, dass eine Art die einzige im Universum ist, geht daher gegen Null, ist also **unwahrscheinlich**.
Wie in der bisherigen Abhandlung zu sehen war lassen sich zwar geringe aber doch signifikante Wahrscheinlichkeiten für das Auftreten von Leben, Intelligenz und Zivilisation ableiten. Allein in unserer Galaxis ist demnach mindestens mit ein paar Dutzend technologischer Zivilisationen zu rechnen.

Nach Satz 15.3.5 (Seite 181) existieren 1 bis 10 alte technologisch hochstehende Zivilisationen, in der Galaxie,
Nach Satz 15.3.4 (Seite 181) existieren 5 bis 79 hochtechnologische Zivilisationen, in unserer Galaxie, die interstellare Raumfahrt beherrschen.
Nach Satz 15.3.2 (Seite 180) existieren 11 bis 320 technologische Zivilisationen, in unserer Galaxie.
Nach Satz 15.2.3 (Seite 179) existieren 169 bis 2.556 „Erden 2" mit intelligenten Spezies, in unserer Galaxie.

Die genannten Zahlen gehen alle von einer „Erde 2" aus. Nimmt man auch entfernt erdähnliche Planeten hinzu, könnte die Anzahl der Zivilisationen jeweils um den Faktor **10** höher liegen.
Berücksichtigt man noch die nicht sonnenähnlichen Systeme, dann könnte die Anzahl noch mal **3,5** höher liegen.

Extrapoliert auf das Universum, bedeutet es: **In der Konsequenz wimmelt es in der Galaxie geradezu von Leben.**
Leben, Intelligenz und Zivilisation somit durchaus die **Regel** darstellen und als konstante Teile im Universum beherbergt sind.

Insgesamt ergibt sich damit in der Konsequenz:

> **Es ist unwahrscheinlich das wir allein in der Galaxie sind.**
> **Es ist wahrscheinlicher das wir nicht alleine sind.**

Dann lässt sich für das gesamte Universum folgern:

> **Es ist unwahrscheinlich das wir allein im Universum sind.**

Aufgrund dieser Betrachtungen kann endlich eine alte Frage der Menschheit beantwortet werden. Daher lässt sich abschließend folgende Arbeitshypothese formulieren:

> # Wir sind nicht allein

## 15.5 - Baukasten

Im Grunde besteht das bisher vorgestellte Modell aus sechs Gleichungen.

Das **Spezielle Grundmodell** für habitable „ Erden 2" in sonnenähnlichen Sternsystemen lautet:

**6.3.3 Gleichung** $\quad N_{ze} = A \cdot F_{sph} \cdot F_{gae} \cdot F_{Liz}$

Das **Allgemeine Grundmodell** für habitable „ Erden 2" in der Galaxie lautet:

**8.4.2 Gleichung** $\quad N_{zexGal} = A \cdot \Sigma(F_X \cdot F_{ph} \cdot F_{gae} \cdot F_{Liz})$

Der **Allgemeine Ansatz** für habitable Planeten in der Galaxie lautet:

**12.2.2 Gleichung** $\quad N_{ZivGal} = A \cdot \Sigma(F_X \cdot F_{ph} \cdot F_k \cdot F_{Liz})$

Sowie den drei Untergleichungen, die alle benötigten Wahrscheinlichkeiten bzgl. Planetenbehaftung, habitabler Zone, Erdähnlichkeit, Leben, Intelligenz und Zivilisation enthalten:

$F_{sph} = F_s \cdot F_p \cdot F_h$ **Habitable Zone**
$F_{gae} = F_g \cdot F_a \cdot F_e$ **Erdähnlichkeit**
$F_{Liz} = F_L \cdot F_i \cdot F_z$ **Zivilisation**

Insgesamt kann das hier vorgestellte Modell als Baukasten begriffen werden. Das Modell liefert die Grundbausteine und diese können je nach Fragestellung angepasst werden.
Durch Erweiterungen lassen sich alte und humanoide Zivilisationen ermitteln. Durch Anpassung kann man intelligente Spezies oder Planeten mit Leben oder etwa erdgroße Planeten in der Galaxie behandeln. Ebenfalls durch Anpassung wurde die Zivilisationsrate ermittelt, sowie durch den Zivilisationszyklus konnten alte Zivilisationen definiert werden.
Außerdem sind die **Drake-Gleichung** und die **Seager-Gleichung** – nach Modifizierung – kompatibel zum vorgestellten **Grundmodell**.
Damit liefert dieser Baukasten ein flexibles Repertoire an zueinander äquivalenten Gleichungen, um das Thema der Zivilisationen in der Galaxie erschöpfend behandeln zu können.

## 15.6 - Gesamtzahl der technologischen Zivilisationen

Bezogen auf alle Sternsysteme **A** in unserer Galaxie ergibt sich die Anzahl $N_x$ einer Menge von Sternsystemen, die einer bestimmten Spektralklasse angehören, mit:

**15.6.1 Gleichung** $\qquad N_x = A \cdot F_X$

**A = (100 – 300)·10$^9$** = Anzahl der Sonnen in der Galaxie

$F_X$ ist dabei die Wahrscheinlichkeit für das Auftreten einer Menge von Sternen, die einer bestimmten **Spektralklasse** angehören. Es existieren **13** Spektralklassen.
Es gibt die Menge der sonnenähnlichen G-Sterne, mit einer gelben Spektralfarbe und der Wahrscheinlichkeit von $F_s$ = **0,28 = 7:25** und.
es gibt die Menge der Roten Zwerge, also M-Sterne mit einer rot-orangen Spektralfarbe und einer Wahrscheinlichkeit von $F_{RZ}$ = **0,7 = 7:10**. Die beiden Spektralklassen G und M machen **98 %** der Gesamtsterne in der Galaxie aus.
Die Spektraltypen **O**, **B**, **A**, **F**, **K**, machen etwa **1 %** der Gesamtsterne aus.
Die Spektralklassen **L**, **T**, **Y**, **R**, **N**, **S**, machen ebenfalls **1 %** der Gesamtsterne aus.

Nach Gleichung 12.1.1 gilt für die Menge der Zivilisationen einer Sternenmengen die, jeweils durch eine Spektralklasse bedingt, vorhanden sind:

$N_{zx} = N_x \cdot F_{ph} \cdot F_k \cdot F_{Liz} = A \cdot F_x \cdot F_{ph} \cdot F_k \cdot F_{Liz}$

Nach Gleichung 12.2.2 ergibt sich die **Gesamtzahl der Zivilisationen in der Galaxie** in der Summe über alle Spektralklassen hinweg:

$N_{zivGal} = \sum N_{zx} = A \cdot \sum (F_x \cdot F_{ph} \cdot F_k \cdot F_{Liz})$

**15.6.2 Gleichung** $\qquad N_{zivGal} = A \cdot \sum_{x=1}^{13} (F_x \cdot F_{ph} \cdot F_k \cdot F_{Liz})$

$F_p$ = 0,014.2 = 1:70 Sternsysteme mit Planeten

$F_h$ = 0,016.6 = 1:60 Planeten in habitablen Zonen

Nach Definition 8.2.1 gilt: $F_{ph} = F_p \cdot F_h$

$F_{ph} = 1{:}70 \cdot 1{:}60$
$\mathbf{F_{ph} = 1{:}4.200}$

Nach Gleichung 12.5.1 gilt: $\mathbf{F_k = F_{gae}}$

mit $\mathbf{0{,}001 < F_k < 0{,}004.65}$ und $\mathbf{0{,}000.921 < F_{gae} < 0{,}004.651}$

Die Wahrscheinlichkeit $\mathbf{F_{gae}}$ für die Erdähnlichkeit liegt in der **derselben Größenordnung**, wie die Beobachtungswahrscheinlichkeiten $\mathbf{F_k}$. Damit alle Modelle äquivalent sind:

Nach Definition 6.3.2 gilt: $\mathbf{F_{Liz} = F_L \cdot F_i \cdot F_z}$

Dann lässt sich Gleichung 12.2.2 auch so schreiben:

**15.6.3 Gleichung**
$$N_{zivGal} = A \cdot \sum_{x=1}^{13} (F_x \cdot F_{ph} \cdot F_k \cdot F_L \cdot F_i \cdot F_z)$$

Nach Gleichung 4.2.5 gilt für die **Wahrscheinlichkeit von Leben**:

$$F_L = \frac{1}{n(n+1)} \sum_{j=1}^{n} a_j$$

**Im Speziellen gilt:**

Es sind **n = 9** Komponenten genannt, damit Leben möglich werden kann.
Es gilt für die Einzelwahrscheinlichkeit: $\mathbf{f_j = 1{:}90}$

Damit können auch 9 Fehlschläge auftreten.

Für die Gewichtungsfaktoren gilt nach Ansatz 4.2.6: $\mathbf{a_j = 1}$
Somit ist die Chance, dass Leben entsteht $\mathbf{F_L = 1{:}(n+1) = 1{:}10}$.

Nach Gleichung 5.3.5 gilt für die **Wahrscheinlichkeit von Intelligenz**:

$$F_i = \frac{1}{k(k+1)} \sum_{j=1}^{k} b_j$$

**Im Speziellen gilt:**

Es sind **k = 12** Ursachen aufgezählt, die das Leben auf der Erde global zunichte machen können.

Es gilt für die Einzelwahrscheinlichkeit: $f_j$ = **1:156**

Nur jeder **13te** Planet, auf dem es Leben gibt, könnte eine bewusstseinsfähige Spezies hervorbringen.

Für die Gewichtungsfaktoren gilt nach Ansatz 5.3.6: $b_j$ = **1**
Somit ist die Chance, dass Intelligenz entsteht $F_i$= **1:(n+1) = 1:13**.

**Damit ergibt sich für die Anzahl der Zivilisationen, <u>einer</u> Zivilisationsstufe, in der Galaxie:**

**15.6.4
Gleichung**

$$N_{ZivGal} = A \cdot \sum_{x=1}^{13} [F_x \cdot F_{ph} \cdot F_k \cdot \frac{\sum_{j=1}^{n} a_j}{n(n+1)} \cdot \frac{\sum_{j=1}^{k} b_j}{k(k+1)} \cdot F_z]$$

Nach Gleichung 6.2.4 lässt sich folgende **Wahrscheinlichkeit für eine Zivilisationsstufe** aufstellen:

$$F_{Zm} = \frac{14400}{7301 \cdot m^2}$$

Technologische Zivilisationen bilden die Stufen **6,7** und **8**. Daher ist die **Gesamtwahrscheinlichkeit für eine technologische Zivilisation:**

$$F_Z = \frac{14400}{7301} \sum_{m=6}^{8} \frac{1}{m^2}$$

$F_z$ = 14.400/7.301 · (1:36+1:49+1:64)
$F_z$= 405.225/3.218.741 = 1:7,943 $\approx$ 1:8

**Damit ergibt sich die Anzahl der <u>technologischen</u> Zivilisationen in der Galaxie:**

**15.6.5**
**Gleichung**

$$N_{TechZivGal} = \frac{1}{8} \cdot A \cdot \sum_{s=1}^{13} [F_x \cdot F_{ph} \cdot F_k \cdot \frac{\sum_{j=1}^{n} a_j}{n(n+1)} \cdot \frac{\sum_{j=1}^{k} b_j}{k(k+1)}]$$

**A**, $F_x$, $F_{ph}$, $F_k$ sind empirisch bestimmte Faktoren, von denen in der Zukunft zu erwarten ist, dass sich die Genauigkeit noch erhöhen wird.

Für die Faktoren $F_L$ und $F_i$ ist genug Spielraum vorhanden beliebige Mengen von Voraussetzungen zu erfassen und daher verschiedene Modelle auszuprobieren.

Es sind **n** Komponenten damit Leben möglich werden kann, die mit den $a_j$ gewichtet sind.
Es sind **k** Komponenten die Intelligenz verhindern können, die mit den $b_j$ gewichtet sind.

Die Wahrscheinlichkeit $F_z$ lässt sich sowohl auf eine Zivilisationsstufe als auch eine Menge von Zivilisationsstufen anwenden. **m** ist die Zivilisationsstufe und $\Sigma$**m** ist eine Menge von Zivilisationsstufen.

Gleichungen 15.6.4 und 15.6.5 beinhalten alle kosmischen, planetaren und entwicklungsgeschichtlichen Einflüsse denen eine Spezies ausgesetzt ist, bis sie eine technologische Zivilisation entwickelt hat.

Gleichungen 15.6.4 und 15.6.5 spannen eine Matrix von Variablen auf, in die sich alle Einwirkungen, bei der Entwicklung bis zur Zivilisation, einordnen und abschätzen lassen.

## 15.7 - Gesamtzahl der humanoiden Zivilisationen

Abgeleitet aus Gleichung 12.2.2 ergibt sich die **Gesamtzahl der humanoiden Zivilisationen in der Galaxie** in der Summe über alle Spektralklassen hinweg:

$$N_{HumZivGal} = \sum N_{zx} = A \cdot \sum (F_x \cdot F_{ph} \cdot F_k \cdot F_{Liz} \cdot F_m)$$

**15.7.1 Gleichung**
$$N_{HumZivGal} = A \cdot \sum_{x=1}^{13} (F_x \cdot F_{ph} \cdot F_k \cdot F_{Liz} \cdot F_m)$$

Dann lässt sich die Gleichung auch so schreiben:

**15.7.2 Gleichung**
$$N_{HumZivGal} = A \cdot \sum_{x=1}^{13} (F_x \cdot F_{ph} \cdot F_k \cdot F_L \cdot F_i \cdot F_z \cdot F_m)$$

**Damit ergibt sich für die Anzahl der humanoiden Zivilisationen, <u>einer</u> Zivilisationsstufe, in der Galaxie:**

**15.7.3 Gleichung**
$$N_{HumZivGal} = A \cdot \sum_{x=1}^{13} [F_x \cdot F_{ph} \cdot F_k \cdot \frac{\sum_{j=1}^{n} a_j}{n(n+1)} \cdot \frac{\sum_{j=1}^{k} b_j}{k(k+1)} \cdot F_z \cdot \frac{\sum_{j=1}^{r} d_j}{r(r+1)}]$$

Nach Gleichung 6.2.4 lässt sich folgende **Wahrscheinlichkeit für eine Zivilisationsstufe** aufstellen:

$$F_{Zm} = \frac{14400}{7301 \cdot m^2}$$

Die Gesamtwahrscheinlichkeit ergibt sich aus der Summe der Einzelwahrscheinlichkeiten, wenn eine Menge von Zivilisationsstufen betrachtet wird:

$$F_Z = \frac{14400}{7301} \sum_m \frac{1}{m^2}$$

Technologische Zivilisationen bilden die Stufen **6,7** und **8**. Daher ist die **Wahrscheinlichkeit für eine humanoide technologische Zivilisation**:

$F_z$ = 14.400/7.301 · (1:36+1:49+1:64)
$F_z$= 405.225/3.218.741 = 1:7,943 ≈ 1:8
**$F_z$= 1:8**

Will man wissen wie viele humanoide Zivilisationen insgesamt existieren, dann muss man die Stufen **3 - 8** betrachten, also die menschliche Entwicklungszeit. Daher beträgt die **Wahrscheinlichkeit für eine humanoide Zivilisation**:

$F_z$ = 14.400/7.301 · (1/9 + 1/16 + 1/25 + 1:36+1:49+1:64)
$F_z$= 0,547,168 = 1:1,82759 ≈ 1:2
**$F_z$= 1:2**

Will man wissen wie viele humanoide Zivilisationen und Vorstufen davon insgesamt existieren, dann muss man die Stufen **2 - 8** betrachten, also die eigentliche menschliche Entwicklungszeit. Daher ist die **Wahrscheinlichkeit für eine humanoide Zivilisation**:

$F_z$ = 14.400/7.301 · (1/4 + 1/9 + 1/16 + 1/25 + 1:36+1:49+1:64)
$F_z$= 1,04025 ≈ 1
**$F_z$= 1**

Es war zu erwarten, dass über alle Zivilisationsstufen hinweg, mindestens 1 existiert, also **$F_z$= 1** ist.
**Damit ergibt sich für die Anzahl der humanoiden Zivilisationen, in der Galaxie:**

**15.7.4 Gleichung**

$$N_{HumZivGal} = A \cdot \sum_{x=1}^{13} [F_x \cdot F_{ph} \cdot F_k \cdot \frac{\sum_{j=1}^{n} a_j}{n(n+1)} \cdot \frac{\sum_{j=1}^{k} b_j}{k(k+1)} \cdot \frac{\sum_{j=1}^{r} d_j}{r(r+1)}]$$

## 15.8 - Gesamtzahl der alten Zivilisationen

Abgeleitet aus Gleichung 7.4.1 und 12.2.2 ergibt sich die **Gesamtzahl der alten Zivilisationen in der Galaxie** in der Summe über alle Spektralklassen hinweg:

$$N_{AltZivGal} = \sum N_{zx} = A \cdot \sum (F_x \cdot F_{ph} \cdot F_k \cdot F_{Liz} \cdot F_u)$$

**15.8.1 Gleichung**

$$N_{AltZivGal} = A \cdot \sum_{x=1}^{13} (F_x \cdot F_{ph} \cdot F_k \cdot F_{Liz} \cdot F_u)$$

Dann lässt sich die Gleichung auch so schreiben:

**15.8.2 Gleichung**

$$N_{AltZivGal} = A \cdot \sum_{x=1}^{13} (F_x \cdot F_{ph} \cdot F_k \cdot F_L \cdot F_i \cdot F_z \cdot F_u)$$

**Damit ergibt sich für die Anzahl der alten Zivilisationen in der Galaxie:**

**15.8.3 Gleichung**

$$N_{HumZivGal} = A \cdot \sum_{x=1}^{13} [F_x \cdot F_{ph} \cdot F_k \cdot \frac{\sum_{j=1}^{n} a_j}{n(n+1)} \cdot \frac{\sum_{j=1}^{k} b_j}{k(k+1)} \cdot F_z \cdot \frac{\sum_{j=1}^{r} d_j}{r(r+1)}]$$

Nach Gleichung 6.2.4 lässt sich folgende **Wahrscheinlichkeit für eine Zivilisationsstufe** aufstellen:

$$F_{Zm} = \frac{14400}{7301 \cdot m^2}$$

Die Gesamtwahrscheinlichkeit ergibt sich aus der Summe der Einzelwahrscheinlichkeiten, wenn eine Menge von Zivilisationsstufen betrachtet wird:

$$F_Z = \frac{14400}{7301} \sum_m \frac{1}{m^2}$$

Alte Zivilisationen gehen nur aus der Stufe **8** hervor. Daher ist die
**Wahrscheinlichkeit für eine alte Zivilisation**:

$F_z$ = 14.400/7.301 · 1:64
$F_z$= 0,030817 ≈ 1:32
**$F_z$= 1:32**

**Damit ergibt sich für die Anzahl der alten Zivilisationen, in der
Galaxie:**

15.8.4
Gleichung

$$N_{AltZivGal} = \frac{1}{32} \cdot A \cdot \sum_{x=1}^{13} [F_x \cdot F_{ph} \cdot F_k \cdot \frac{\sum_{j=1}^{n} a_j}{n(n+1)} \cdot \frac{\sum_{j=1}^{k} b_j}{k(k+1)} \cdot \frac{\sum_{j=1}^{q} c_j}{q(q+1)}]$$

| | korr. Spez. Grund. | korr. Allg. Grund. | Drake-korrigiert | Seager-Korrigiert | Allg. Ansatz |
| | | | Allg. Grundmodell | Allg. Grundmodell | |
| --- | --- | --- | --- | --- | --- |
| Erden 2 | 55.249 - 93.023 | 27.700 - 830.600 | 6.144 - 55.249 | 7.743 - 93.023 | 31.000 - 93.000 |
| Erden 2 mit Leben | 5.525 - 9.302 | 2.770 - 83.060 | 614 - 5.525 | 774 - 9.302 | 3.100 - 9.300 |
| Erden 2 mit Intelligenz | 425 - 716 | 213 - 6.390 | 48 - 425 | 60 - 716 | 239 - 716 |
| techn. Ziv. in sonnenähnl. Systemen | 8 - 90 | | 6 - 53 | 8 - 90 | |
| technologische Zivilisationen | 8 - 224 | 27 - 800 | 21 - 190 | 28 - 320 | 23 - 320 |
| vergleichbare Zivilisationen | 6 - 170 | 20 - 607 | 16 - 144 | 20 - 243 | 17 - 243 |
| raumfahrende Zivilisationen | 2 - 55 | 7 - 197 | 5 - 47 | 7 - 79 | 6 - 79 |
| alte Zivilisationen | 1 - 7 | 1 - 25 | 1 - 6 | 1 - 10 | 1 - 10 |
| humanoide Zivilisationen | 1 - 32 | 9 - 114 | 3 - 27 | 4 - 46 | 3 - 46 |

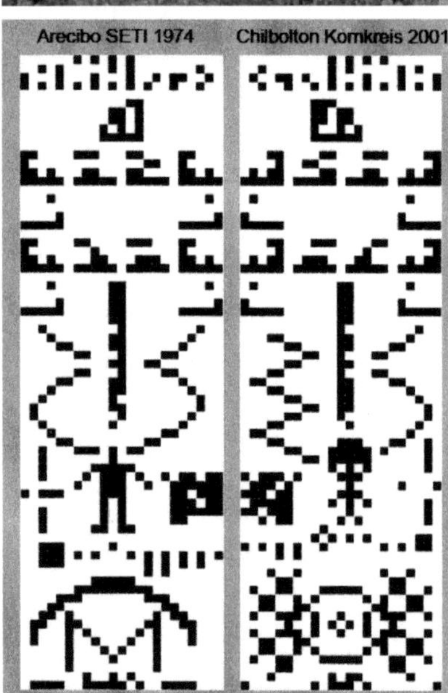

Arecibo SETI 1974
Chilbolton Kornkreis 2001

# Teil 4

# Ergänzende Betrachtungen

# 16 – Das SETI-Projekt

## 16.1 - Zur Geschichte von SETI

*„Search for Extraterrestrial Intelligence"* (Englisch steht für die Suche nach extraterrestrischer Intelligenz, auch kurz **SETI** [166] genannt) bezeichnet die Suche nach außerirdischen Zivilisationen.
Schon 1909 beschäftigte sich Nikola Tesla mit angeblichen Signalen vom Mars. [180] Im selben Jahr schlug der Astronom David Peck Todd erfolglos vor, mittels Forschungsballons, die Empfangsgeräte befördern sollten, nach eventuellen extraterrestrischen Radiosignalen zu suchen. [181] Guglielmo Marconi behauptete, Anfang der 1920er Jahre, Signale von Außerirdischen empfangen zu haben, was aber nicht bestätigt werden konnte. [182]

Im September 1959 veröffentlichten die Physiker Philip Morrison [183] und Giuseppe Cocconi [184] von der Cornell University unter dem Titel *„Searching for Interstellar Communications"* eine bahnbrechende These in *„Nature"*. [185] Sie erklären darin, wie die Radioastronomie dazu dienen könnte, potenzielle interstellare Kommunikation zu empfangen. Diese Veröffentlichung gilt als die Geburtsstunde von SETI.

Gleichzeitig mit Morrison und Cocconi, aber unabhängig von ihnen, arbeitete der Astronom Frank Drake, [162] am Green Bank Radioteleskop in West Virginia, an einer Idee, ob es realisierbar sein könnte, Signale von anderen Welten zu empfangen. Im April 1960 begann das *„Projekt Ozma"*, zunächst mit der Beobachtung der zwei sonnennächsten Sterne, Tau Ceti und Epsilon Eridani.

Im November 1960 trafen sich zum ersten Mal Wissenschaftler verschiedener Disziplinen in Green Bank, USA, um über die Wahrscheinlichkeit extraterrestrischer Intelligenzen und die Suche nach ihnen zu diskutieren. Teilnehmer der Konferenz waren u. a. Frank Drake, Otto von Struve, Philip Morrison, Carl Sagan, Melvin Calvin, Bernard M. Oliver und John Lilly. [186]
Während dieser Tagung stellte Frank Drake auch erstmals seine, inzwischen als **Drake-Gleichung** berühmt gewordene Berechnung zur möglichen Anzahl höher entwickelter Zivilisationen in unserer Galaxie vor.

$$N = R \cdot f_p \cdot n \cdot f_L \cdot f_i \cdot f_c \cdot L$$

Nikolai Kardaschow, Josef Schklowski und andere Wissenschaftler organisierten 1964 und 1971 weitere SETI-Konferenzen, am Byura-kan-Observatorium. Carl Sagan und Josef Schklowski veröffentlichten 1966 mit *„Intelligent Life in the Universe"* ein weit bekanntes Buch über SETI. [187]

1971 begann sich auch die NASA [188] mit dem *„Project Cyclops"* für SETI zu interessieren. Im Laufe eines Sommer-Workshops der Stanford Universität und des NASA Ames Forschungszentrums wurden Pläne für zukünftige Forschungen entwickelt.
Von 1972 bis 1976, unter dem Namen *„Ozma II"*, ging die Suche nach außerirdischen Signalen am Green Bank Radioteleskop weiter. Die Forscher beobachteten dabei im Laufe von mehr als 500 Beobachtungsstunden 674 Sterne.

Carl Sagan, Bruce Murray und Louis Friedman gründeten 1980 die *„Planetary Society"*, die unter anderem verschiedene SETI-Projekte finanziell unterstützen sollte.

1984 wurde das *„SETI Institut"* [189] gegründet.
Das erklärte Ziel war die Forschung zu SETI und dem Leben im Universum zu fördern und durchzuführen.
Zu den Gründungsmitgliedern gehörte neben Frank Drake, auch die Radioastronomin Jill Tarter [190] an, die als Vorbild für die Hauptakteurin in Carl Sagans Bestseller *„Contact"* gilt.

Im Oktober 1992 begannen zwei parallele NASA-SETI-Programme unter dem Namen *„High Resolution Microwave Survey"* (HRMS).

Die Astronomen des NASA Ames Forschungszentrums benutzten dazu das 305-Meter Radioteleskop in Arecibo.
Es wurden etwa tausend, vorher ausgewählte, Sterne gezielt angepeilt.

Während die Forscher des *Jet Propulsion Laboratory* (JPL) eine Himmelsdurchmusterung, mithilfe des 34-Meter Teleskops Goldstone, in der Mojavewüste durchführten.
Nach weniger als einem Jahr laufender Beobachtungen, 60 Millionen Dollar Entwicklungskosten und 23 Jahren Planung wurde das NASA-SETI-Projekt im Jahr 1993 aufgrund eines Sparbeschluss des US-Kongresses eingestellt. [191]

Im Februar 1995 startete das SETI-Institut das *„Project Phönix"*. Das Projekt war eine Weiterentwicklung der gezielten Suche vom NASA Ames Forschungszentrum.

Auf der Suchliste des Projektes standen rund 1.000, meist sonnenähnliche Sterne, in maximal 200 Lichtjahren Entfernung und einem Mindestalter von drei Milliarden Jahren.
Bis September 1996 diente das 64-Meter Parkes - Radio Teleskop in Australien als Stützpunkt.

Im Oktober 1995 nahm, mit Unterstützung der in Privatinitiative gegründeten *Planetary Society*, das *„Project BETA"* seine Arbeit am 28-Meter Teleskop des Harvard-Smithsonian Observatory in Harvard auf. Im Gegensatz zu *„Phönix"* sollte *„BETA"* nicht gezielt einzelne Sterne untersuchen, sondern den kompletten Himmel auf der Frequenz des neutralen Wasserstoffs durchforsten.

1996 zog *„Projekt Phönix"* von Australien an das 43-Meter Radioteleskop von Green Bank in Virgina um. Gleichzeitig wurde am 305-Meter Radioteleskop von Arecibo in Puerto Rico der, passiv mit den Teleskopbewegungen mitwandernde, Empfänger für das *„Projekt SERENDIP"* (*Search for Extraterrestrial Radio Emissions from Nearby Developed Intelligent Populations*) installiert. Dieses ebenfalls von der Planetary Society unterstützte SETI-Projekt beruhte ähnlich wie *„BETA"* auf dem Prinzip der ungezielten Himmelsdurchmusterung.

**198**

1998 verlegte *„Projekt Phönix"* seinen Hauptstützpunkt an das 305-Meter Radioteleskop von Arecibo in Puerto Rico, wo es bis heute stationiert ist.

An der Harvard Universität und der Universität von Kalifornien in Berkeley starteten erstmals auch optische SETI-Projekte. Die Observatorien suchten dabei gezielt nach sehr kurzen, von ausgewählten Zielsternen ausgehende Lichtblitze.

## 16.2 - SETI@home

1999 begann das Projekt *SETI@home*. [192] Es benutzte auch den SERENDIP-Empfänger am Arecibo-Radioteleskop, konzentrierte seine Suche aber auf einen engeren Frequenzbereich.

Die Analyse der Daten erfolgt erstmals nicht stationär, sondern Teilnehmer stellen Rechenleistung auf ihren Computern zur Verfügung, um die gesammelten Daten mittels des *BOINC-Verfahrens* auszuwerten.

BOINC steht für *„Berkeley Open Infrastructure for Network Computing"*. Hierbei handelt es sich um eine Vernetzung von Computern, mit dem Ziel, ihre Rechenleistung zu kombinieren. So braucht man keine Supercomputer zum Auswerten von Daten.

Seit 1999 haben die am Projekt teilnehmenden Rechner zusammen knapp 2,3 Millionen Jahre Rechenzeit erbracht. In dieser Zeit sind zirka 1,84 Milliarden Resultate von über **5,4 Millionen** Benutzern eingegangen.

Im Jahr 2000 wurde das optische SETI-Programm am Harvard Observatorium ausgeweitet. Es sollte bis 2002 die erste komplette optische Himmelsuntersuchung durchführen.

Seit 2001 ist **Seth Shostak** [193] Senior Astronom am SETI Institut. Das SETI Institut, mit Sitz in Mountain View, Kalifornien, beschäftigt mehr als 50 Forscher, die alle Aspekte der Suche nach Leben, seiner Herkunft, der Umgebung, in der sich das Leben entwickelt, und seines ultimativen Schicksals untersuchen.

Shostak ist ein aktiver Teilnehmer an den Beobachtungsprogrammen des Instituts und ist seit 2002 Gastgeber für SETIs wöchentliche Radiosendung *„Big Picture Science"*.

Im März 2003 benutzten Astronomen aus der SETI@home das Arecibo-Radioteleskop für gezielte, wiederholte Beobachtungen von rund 200 „Kandidaten"-Signalen. Sie wurden zuvor aus den Daten der fast vier Jahre langen Arbeit des Internetprojektes, als die interessantesten und aussichtsreichsten für ein echtes extraterrestrisches Signal, ausgewählt.

## 16.3 - Signale

Bis heute, also 2018, konnte kein relevantes Signal detektiert werden. Bis auf das sogenannte „Ohio-Wow-Signal". [194]

Am 15. August 1977 registrierte das riesige *„Big Ear"* Radioteleskop der Ohio State Universität das stärkste und deutlichste potenzielle Alien-Signal in der Geschichte von SETI. Der Astrophysiker Jerry R. Ehman entdeckte es während einer SETI-Beobachtung.

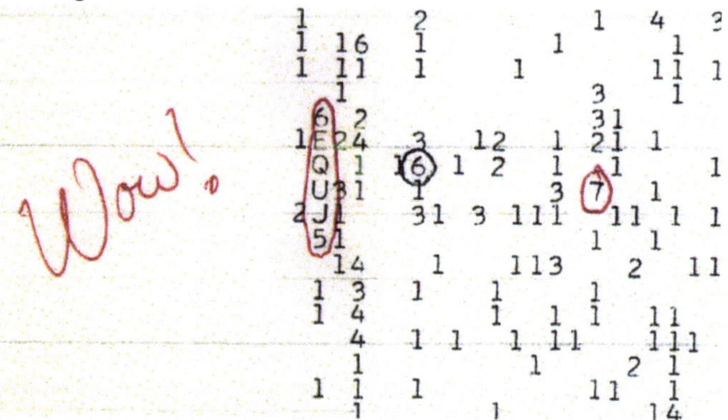


Es war ein Radiosignal aus Richtung des Sternbildes Schütze. Bis heute konnte es allerdings weder wiederbeobachtet, noch seine Ursache aufgeklärt werden.

Das Senden von Signalen an außerirdische Intelligenzen wird als **Active SETI** bzw. **METI** (*Messaging to Extra-Terrestrial Intelligence*) oder **CETI** (*Communication with extraterrestrial intelligence*) bezeichnet.

Forscher, wie der Astrophysiker Stephen Hawking oder auch David Brin spekulieren aber, dass Active SETI mit erheblichen Risiken verbunden sein könnte [195] [196] und es angebracht sei, über Pläne für eine planetare Verteidigung nachzudenken.

1974 wurde über die Arecibo-Antenne eine Botschaft an den rund 25.000 Lichtjahre von der Erde entfernten Kugelsternhaufen M13 versendet, Die Botschaft war in einer Matrix von 23×73 Pixel angeordnet, die Informationen zu Zahlen, chemischen Elementen, Nukleotiden, DNS, der Menschheit, dem Planeten Erde und dem Sender enthielt Zur Risikobewertung eines gesendeten Signals wurde die zehnstufige **San-Marino-Skala** geschaffen, die von unbedeutend {1} bis außerordentlich {10} reicht. Nach der San-Marino-Skala hatte die Botschaft Stufe **8** (weitreichend). [197]

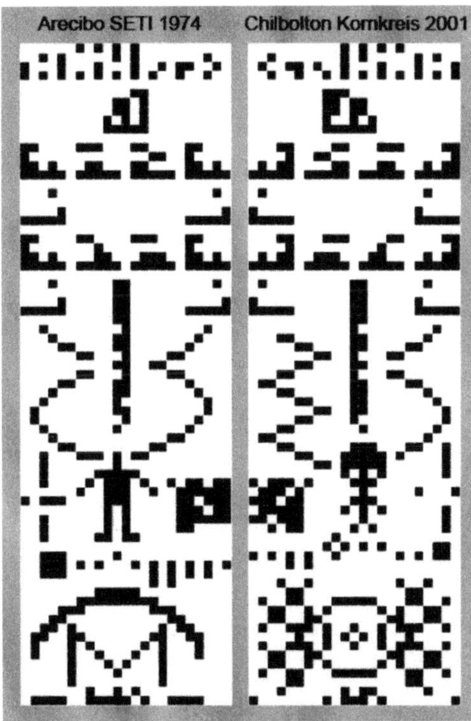


Die linke Abbildung zeigt die *Arecibo-Botschaft* von 1974, an der Frank Drake und Carl Sagan mitbeteiligt waren.
[198]

Im August 2001 wurde im einen Kornfeld unmittelbar neben dem Radioteleskop von Chilbolton (das als Teil der LOFAR-Anlage selbst in SETI-Projekte eingebunden ist) in der südenglischen Grafschaft Hampshire ein Kreis-Piktogramm im Kornfeld entdeckt, das als Antwort auf die Arecibo-Botschaft gedeutet wird. Die rechte Abbildung zeigt die Kornkreis-Darstellung.
[199]

## 16.4 - Betriebszeit von SETI

1895 wurden durch Guglielmo Marconi [182], auf unserem Planeten zum ersten Mal elektromagnetische Wellen benutzt, also vor etwa 120 Jahren. 1901 gelang der erste transatlantische Funkverkehr. Ab 1905 wurde drahtloser Funkverkehr [200] allgemein benutzt, somit seit 110 Jahren.
Im Umreis von 55 Lichtjahren hätten daher bis heute alle diese ausgestrahlten elektromagnetischen Signale von außerirdischen Zivilisationen detektiert werden müssen. Und wenn sie geantwortet hätten, würde uns ihr Signal heute erreicht haben. Dies ist aber bisher nicht geschehen.
Die Betriebszeit von SETI beträgt jetzt 55 Jahre.

**16.4.1 Folgerung Im Umkreis von 55 Lichtjahren existiert keine Zivilisation die, über elektromagnetische Wellen, mit uns kommunizieren kann oder will.**

Das Lichtjahr ist eine astronomische Maßeinheit. Unter einem Lichtjahr wird die Entfernung verstanden, die das Licht in einem Jahr durchläuft. Das sind 9,461 Billionen Km. [24]

## 16.5 - Keine Antwort

Das kann mehrere Gründe haben:

1) Es gibt keine Zivilisation im Umkreis von 55 LJ.
2) Es gibt eine Zivilisation im Umkreis von 55 LJ, die niedriger entwickelt ist, als unsere Zivilisation und noch keine elektromagnetischen Wellen kennt.
1) Es gibt eine Zivilisation im Umkreis von 55 LJ, die höher entwickelt ist, als unsere Zivilisation und keine elektromagnetischen Wellen mehr benutzt.
4) Es gibt eine Zivilisation im Umkreis von 55 LJ, die aber nicht kommunizieren will.
5) Wir hören mit SETI an der falschen Stelle, denn **wenn eine Physik für interstellare Raumfahrt existiert (Axiom 6.6.1), dann gibt es auch eine Nachrichtenübertragung auf dieser Basis, also so etwas wie Hyperfunk. Und der ist sicher NICHT elektromagnetischer Natur und auf die Ausbreitungsgeschwindigkeit von EM Wellen limitiert.**

SETI verhält sich daher so, als ob man auf Trommel- oder Rauch-zeichen wartet, während die anderen miteinander telefonieren oder Funkverkehr betreiben.
Durch SETI konnte bisher ein Gebiet mit einem Radius von 55 Licht-jahren untersucht werden. Im Umreis von 55 Lichtjahren liegen über 1.000 Sonnen.
Es bleibt nur noch der Fall, in dem eine, ein paar hundert oder tau-send Lichtjahre, entfernte Zivilisation vor Hunderten von Jahren ein Signal losgeschickt hätte, das uns dann heute erreichen würde. Das wäre aber ein unglaublicher Glücksfall.
Wir können eher davon ausgehen, dass eine interstellare Nachrich-tenübertragung auf der Grundlage einer mehrdimensionalen Physik existiert und diese von raumfahrenden Spezies benutzt wird.
Nach solch einer Physik müssen wir suchen, um mit einer anderen Zivilisation in der Galaxie in Kommunikation treten zu können.


## 16.6 - Quantentechnologie

Am 17.08.2016 veröffentlichte die Süddeutsche Zeitung einen Artikel über den Start des chinesischen Satelliten *Mozi* am 15.08.2016 vom Weltraumbahnhof Jiuquan aus, der mit Quantentechnologie zur ab-hörsicheren Kommunikation ausgestattet ist - dabei werden ver-schränkte Teilchen benutzt. Was, bei weiterer Entwicklung, zu einer abhörsicheren und momentanen, also überlichtschnellen, Kommuni-kation befähigt. [201] [202]
Laut der Presse ist es 2012 österreichischen Physikern gelungen, derart verschränkte Lichtquanten über eine Entfernung von 143 Ki-lometern zwischen den kanarischen Inseln Teneriffa und La Palma zu übertragen. Dies ist der Anfang einer abhörsicheren und über-lichtschnellen Kommunikation, also einer Technologie die wahr-scheinlich schon in wenigen Jahren allgemein zur Verfügung stehen wird. Erwartungsgemäß werden die Militärs dieser Welt an dieser Technologie brennend interessiert sein.
Es ist also davon auszugehen, dass bei interstellaren Reisen eine solche Art der Kommunikation nicht nur sinnvoll, sondern sogar Standard ist. Wenn also raumfahrende Außerirdische diese Techno-logie zur Kommunikation benutzen, ist durch die Abhörsicherheit ei-nerseits und die überlichtschnelle Signalgeschwindigkeit anderer-seits, ein **Schweigen im All** auf dem elektromagnetischen Fre-quenzband verständlich.
**Das bedeutet, dass nur Zivilisationen einer bestimmten Entwick-lungsstufe elektromagnetische Signale benutzen und sich so-zusagen dadurch auch verraten.**

Mit SETI wäre es demnach nur möglich Signale von Zivilisationen zu empfangen, die auf einer **gleichen oder ähnlichen** technologischen Stufe wie wir stehen. Ein weiteres Indiz für die „Beschränktheit" des SETI Ansatzes. Aufgrund der aufgeführten Sachverhalte lässt sich allgemein formulieren:

**16.6.1 Satz    SETI, in der heutigen Form, ist sinnlos, weil wir mit den falschen Methoden suchen.**


## 16.7 - Verteilung der Sternsysteme

Unsere Galaxie hat einen Durchmesser **a** von etwa 100.000 Lichtjahren Die mittlere Dicke **h**, der Scheibe, liegt bei 3.000 Lichtjahren. Hier halten sich auch die meisten Sterne auf. Das Zentrum, etwa in Form einer Kugel, besitzt einen Durchmesser **d** von 16.000 Lichtjahren. [32] Das Volumen der Galaxie ergibt sich damit näherungsweise zu:

$$V = V_{kugel} + V_{zylinder} - V_{Kugelausschnitt}$$

$$V = \pi/6 \cdot d^3 + \pi \cdot a^2/4 \cdot h - \pi \cdot d^2/4 \cdot h$$

$V = \pi/6 \cdot 16000^3 + \pi \cdot 100.000^2/4 \cdot 3000 - \pi \cdot 16.000^2/4 \cdot 3000$
**$V = 2{,}510.341.97 \cdot 10^{13}\ LJ^3$**

Nimmt man den Raum, den die Galaxie einnimmt und wandelt diesen in einen Kubus um, ergibt sich:

$$V = a^3$$

Wird dieser Raum auch noch von einer Anzahl **N** von Sternen besetzt, dann ergibt sich:

$$V = a^3 \cdot N$$

Dann ergibt sich der **mittlere Abstand** zwischen zwei Sternen zu:

$$a = \sqrt[3]{\frac{V}{N}}$$


Unsere Galaxie besitzt etwa 100 bis 300 Milliarden Sonnen. [25] Es ergibt sich eine mittlere Entfernung von **4,37** bis **6,3** Lichtjahren, zwi-
**204**

schen den einzelnen Sternen. Zum Vergleich: Alpha Centauri, unsere nächste Nachbarsonne, ist **4,24** Lichtjahre entfernt.

Diese Art der Mittelwertermittlung, über die Bildung von Kuben, wird für die weiteren Betrachtungen benötigt, um Planetenhäufigkeiten in mittlere Entfernungen umsetzen zu können. Durch die Kubenbildung erscheinen die mittleren Entfernungen, zwischen den Sternen, direkt als Kanten, der den Sonnen zugehörigen Kuben.

Der Ansatz über einen Kubus erlaubt eine relativ einfache Berechnung einer „mittleren Entfernung", was mit einem Zylinder oder einer Kugel ungleich schwieriger wäre. Bei Aneinanderreihung entstehen dort Leerräume, die nicht berechenbar sind, während sich Kuben nahtlos aneinander reihen lassen.


## 16.8 - Der günstigste Fall

Nach Satz 3.3.1 existieren **7.728 – 232.160** „Erden 2", in unserer Galaxie.

Bei **7.728** „Erden 2" beträgt die mittlere Entfernung 1.481 Lichtjahre. Das wäre auch die maximale mittlere Distanz zu einer anderen Zivilisation.

Mit SETI wurde erst ein Raum von etwa 55 Lichtjahren erfasst. Man müsste also noch mindestens 1.426 Jahre senden bzw. warten, damit wir in 2.907 Jahren die Antwort bekämen.

Bei **232.160** „Erden 2" beträgt die minimale mittlere Entfernung 476 Lichtjahre. In diesem Fall müssten wir daher noch mindestens 421 Jahre senden bzw. warten und in 897 Jahren hätten wir dann die Antwort.

Insgesamt müssten wir im Mittel zwischen **897 bis 2.907 Jahre** mit SETI suchen und warten, bis wir eine Antwort erhalten würden.

Es ergibt sich in der Konsequenz, welch enormes Glück man haben muss, um mit dem SETI-Projekt außerirdische Zivilisationen zu finden.

Nach Satz 8.3.6 könnten maximal bis zu **1 Millionen** „Erden 2" in unserer Galaxie existieren.

Die mittlere Entfernung zwischen den Planeten beträgt danach 293 Lichtjahre. In diesem Fall müssten wir noch mindestens 238 Jahre senden und warten und in **531 Jahren** hätten wir dann die Antwort.

In der Konsequenz ist in den nächsten Jahrzehnten nicht damit zu rechnen, dass über das SETI-Projekt, Signale von außerirdischen Intelligenzen erfasst werden.

## 16.9 - Entfernungen und Zeiträume

Die bisherigen Betrachtungen beziehen sich auf den günstigsten Fall, nämlich die maximale Anzahl der „Erden 2" in der Galaxie. Nimmt man die ermittelten Zahlen für die Zivilisationen, dann sieht es sogar noch schlechter aus.
Nach Satz 15.2.3 ist mit einer maximalen Anzahl von **169 – 2.556** Zivilisationen zu rechnen.

Bei **169** Zivilisationen beträgt die mittlere Entfernung 5.296 Lichtjahre. Das wäre auch die maximale mittlere Distanz zu einer anderen Zivilisation. Mit SETI wurde erst ein Raum von etwa 55 Lichtjahren erfasst. Man müsste also noch mindestens 5.241 Jahre senden bzw. warten, damit wir in 10.537 Jahren die Antwort bekämen.

Bei **2.556** Zivilisationen beträgt die mittlere Entfernung 2.141 Lichtjahre. Das wäre auch die maximale mittlere Distanz zu einer anderen Zivilisation. Mit SETI wurde erst ein Raum von etwa 55 Lichtjahren erfasst. Man müsste also noch mindestens 2.086 Jahre senden bzw. warten, damit wir in 4.227 Jahren die Antwort bekämen.
Insgesamt müssten wir im Mittel zwischen **4.227 bis 10.537 Jahre** mit SETI suchen und warten, bis wir eine Antwort erhalten würden.

Nach Kapitel 16.5 benutzen nur Zivilisationen einer bestimmten Entwicklungsstufe elektromagnetische Signale. Nach Satz 15.3.3 könnten **16 – 243** vergleichbare Zivilisationen, auf habitablen „Erden 2", in der Galaxie existieren.

Bei **16** Zivilisationen beträgt die mittlere Entfernung 11.620 Lichtjahre. Das wäre auch die maximale mittlere Distanz zu einer anderen Zivilisation. Mit SETI wurde erst ein Raum von etwa 55 Lichtjahren erfasst. Man müsste also noch mindestens 11.565 Jahre senden bzw. warten, damit wir in 23.185 Jahren die Antwort bekämen.

Bei **243** Zivilisationen beträgt die mittlere Entfernung 4.692 Lichtjahre. Das wäre auch die maximale mittlere Distanz zu einer anderen Zivilisation. Mit SETI wurde erst ein Raum von etwa 55 Lichtjahren erfasst. Man müsste also noch mindestens 4.637 Jahre senden bzw. warten, damit wir in 9.329 Jahren die Antwort bekämen.
Insgesamt müssten wir im Mittel zwischen **9.329 bis 23.185** Jahre mit SETI suchen und warten, bis wir eine Antwort erhalten würden.

## 16.10 - Konsequenzen

Ein Signal von einer anderen Zivilisation wäre nach Kapitel 16.7 und 16.8 ein paar tausend Jahre unterwegs und hätte ebenso zum „richtigen" Zeitpunkt losgeschickt werden müssen, um uns heute zu erreichen. Es wäre ein unglaublicher Glücksfall, wenn man mit dem SETI-Projekt so ein Signal auffangen würde.

**16.10.1 Satz**  **Es ist in den nächsten Jahrzehnten nicht damit zu rechnen, dass SETI Signale von anderen Zivilisationen empfangen wird.**

Und wenn doch wäre das, wie schon gesagt, ein außerordentlicher Glücksfall, für den es nur zwei Möglichkeiten gibt:

1) Es existiert eine Zivilisation, in nur etwa 50 bis 55 Lichtjahren Entfernung.
2) Es ist zufällig ein Signal, dass schon länger unterwegs ist und zum richtigen Zeitpunkt abgeschickt wurde.

Es ergibt sich noch eine andere Konsequenz aus den Entfernungen bzw. den daraus resultierenden Zeiträumen. Eine Kommunikation mit anderen Zivilisationen ist nahezu ausgeschlossen. Es ist sinnlos ein paar Jahrhunderte oder Jahrtausende auf Antwort zu warten.

**16.10.2 Satz**  **Eine Kommunikation mit anderen Zivilisationen ist, wegen der langen Zeiträume bei der Übertragung, nahezu unwahrscheinlich.**

Also kann SETI nur dazu dienen, irgendwann einmal zufällig ein Signal zu empfangen, das dann die Existenz einer anderen Zivilisation in der Galaxie bestätigen kann – und nicht mehr. Eine Zivilisation zu finden und diese auch noch in Kommunikationsreichweite anzutreffen, wäre ein unglaublicher Glücksfall.
Da nach Satz 6.1.2 das 22te Jahrhundert die Zeit sein wird, in der die Menschheit interstellare Raumfahrt betreibt und sich selbst von den Gegebenheiten überzeugen kann, ist damit zu rechnen, dass SETI spätestens im nächsten Jahrhundert eingestellt wird, oder dass bis dahin **andere Methoden des Horchens** zur Verfügung stehen.

# 17 – Ein Blick in die Zukunft

## 17.1 - Die Kardaschow-Skala

Die Kardaschow-Skala geht auf den russischen Astronomen Nikolai Kardaschow zurück, der 1964 eine Kategorisierung der Entwicklungsstufen extraterrestrischer Zivilisationen nach deren Energiegebrauch entwarf. [203]

Die Kardaschow-Skala besitzt ursprünglich drei Kategorien, wird heute aber etwas erweitert. Eine Zivilisationen wird auf Basis ihrer Energienutzung eingeordnet.

> **Typ 0**: Die Zivilisation ist auf der bisherigen technologischen Stufe der Erde, 1960-90

> **Typ I:** Die Zivilisation ist in der Lage die gesamte auf einem Planeten verfügbare Leistung zu nutzen

> **Typ II**: Die Zivilisation ist in der Lage, die Gesamtleistung ihres Zentralsterns zu nutzen

> **Typ III**: Die Zivilisation ist in der Lage, die Gesamtleistung einer Galaxie zu nutzen

Zwischenwerte sind in der ursprünglichen Kardaschow-Skala nicht vorhanden. Carl Sagan hat 1973, mit Hilfe einer angepassten Gleichung, den Status des Menschen auf 0,7 extrapoliert.

Erst wenn eine Zivilisation die Stufe 7 erreicht hat, also in der Lage ist das eigene Sonnensystem zu besiedeln, kann sie die Technologien entwickeln, die notwendig sind, um die verfügbare Leistung des Heimatplaneten zu nutzen. Also erst mit Entwicklungsstufe 8 ist eine Zivilisation in der Lage die Stufe I auf der Kardaschow-Skala zu erreichen.

Bei Etablierung der Stufe 7, also wenn eine Spezies Planeten, Monde und Asteroiden in seinem Sonnensystem besiedelt hat, ist sie erstmals in der Lage auch kosmische Katastrophen zu überleben.

# 17.2 - Zukünftige Zivilisationsformen

Es existieren mehrere Möglichkeiten wie sich eine Zivilisation zukünftig entwickeln kann. Mit diesen Möglichkeiten ist es wie mit den Zivilisationsstufen 9 und 10. Die können zwar angedacht werden, aber uns fehlen da die Erfahrungswerte oder wir wissen einfach nicht ob das überhaupt möglich ist.

Außer Aussterben, Degenration und Militär- oder anderen Diktaturen gibt es nach unserer Sicht für eine Zivilisationen eine erste Entscheidungsmöglichkeit, in der Wahl einen technologischen Weg oder einen ökologischen Weg zu gehen. Daher kann man die Zivilisationen erst mal in zwei Gruppen aufteilen:

**1) biokonservative Zivilisationen**
**2) technokratische Zivilisationen**

## 1) biokonservative Zivilisation
Biokonservative Zivilisationen sind Kulturen die im Einklang mit der Natur leben und regenerierbare Energien nutzen. Keine Übertechnisierung oder Überbevölkerung betreiben und planetar mehr agrar strukturiert sind. Solche Zivilisationen habe eine mehr spirituell oder ökologisch oder konservativ ausgerichtete Einstellung und sie sind mehr an Erhaltung und Nachhaltigkeit interessiert als daran technologischen Fortschritt zu betreiben oder zu expandieren.

## 2) technokratische Zivilisation
Technokratische Zivilisationen ermöglichen zivilisatorische Entwicklung durch technologischen Fortschritt auf allen Ebenen. Es existiert eine erforschende, expansive Einstellung.

Es gibt folgende Möglichkeiten der weiteren Entwicklung:

**a) Nomaden Zivilisation**
**b) technologische Zivilisation**
**c) autoevolutive Zivilisation**
**d) AI-Zivilisation**
**e) Roboter Zivilisation**

Dabei stellen sich die einzelnen Zivilisationsformen wie folgt dar:

## 17.2.1 - Nomaden Zivilisation
Wenn eine Zivilisation lange interstellare Raumfahrt betreibt ist es durchaus möglich, dass sie sich **ganz in den Weltraum begibt**. Man kann daher einkalkulieren, dass außerirdische Zivilisationen existie-

ren, die ein Leben im All, auf ihren Generationenraumschiffen oder fliegenden Städten oder ähnlichem dem auf Planeten bevorzugen. Also so auch zusätzliche Heimstätten schaffen.

### 17.2.2 - technologische Zivilisation

Technologische Zivilisationen lassen sich darstellen wie in vielen SF-Filmen, z.B. Star Trek oder Stars Wars. Solche Zivilisationen haben die Einstellung das zivilisatorische Entwicklung durch technologischen und wissenschaftlichen Fortschritt auf allen Ebenen ermöglicht wird, expansive Einstellung

Zivilisationen die technologisch weit genug fortgeschritten sind könnten nicht nur Planeten, die dem Heimatplaneten ähnlich sind, besiedeln sondern auch **Geoengineering** oder **Terraforming** betreiben. Damit also Planeten passend machen.

### 17.2.3 - autoevolutive Zivilisation

Eine Zivilisation die die DNS entschlüsselt hat, betritt damit die **autoevolutive** Stufe. Durch DNS-Manipulation ist es möglich einen ganz eigenen Evolutionsstrang zu beschreiten.
Bei einer autoevolutiven Zivilisation besteht die Gefahr, dass diese sich in eine **genetische Sackgasse** hinein steuert.

### 17.2.4 - AI-Zivilisation

In einer AI-Zivilisation sind maschinelle Intelligenz und menschliches Bewusstsein miteinander gekoppelt oder verschmolzen. Eine Kopplung dürfte in jedem Fall möglich sein, aber es ist fraglich ob eine Verschmelzung überhaupt machbar ist Bewusstsein und KI konnten so inkompatibel sein, dass das Hochladen oder kopieren eines Bewusstseins in einen Speicher einfach nicht geht. Es ist ebenso fraglich ob sich durch KI ein echtes Bewusstsein erzeugen lässt.
Andernfalls sind der Entwicklung kaum Grenzen gesetzt. Es könnten dann auch kybernetische Lebewesen in Hardware wie Software existieren.

### 17.2.5 - Roboter Zivilisation

Denkbar sind noch reine Roboter-Zivilisationen. Eine Möglichkeit wäre die Entwicklung aus einer AI-Zivilisation. Eine andere Möglichkeit wäre die Entwicklung und Herstellung durch eine Spezies und anschließende Separation von dieser.
Allerdings ist auch hier fraglich ob so etwas überhaupt existieren kann. Hier ist fraglich ob sich durch KI ein echtes Bewusstsein erzeugen lässt.

## 17.3 - Tochterzivilisationen

Aufgrund der Endauswertung (Satz 15.3.5) in diesem Buch könnten bis zu **14** alte Zivilisationen in der Galaxie existieren. Es ist nicht auszuschließen das diese Zivilisationen auch Tochterzivilisationen in anderen Planetensystemen gegründet haben.

Tochterzivilisationen sind erst ab der interstellaren Stufe 8 möglich. Erst wenn eine Spezies eine Tochterzivilisation gegründet hat, ist ihr kosmisches Überleben gesichert.

Man müsste definieren was bestimmend ist für die Gründung neuer Zivilisationen, also welche Menge von Voraussetzungen erfüllt sein müssen.

**1) Der Wille eine Tochterzivilisationen zu gründen**

**2) Interstellare Raumfahrt + ausreichende Transportkapazitäten**

**3) Ausgangsplanet: Rohstoffe + tech. Ressourcen + Personal**

**4) Zielplanet: passende Planetare Voraussetzungen**

**5) Zielplanet: passende Umweltbedingungen**

**6) Zielplanet: Rohstoffe + Technologien diese zu verwerten**

**7) Vorräte + Technologie um mindestens 10.000 Lebewesen am Leben zu erhalten**
architektonische, argraische, ökologische Technologie, Infrastruktur, Energieerzeugung

**8) Organisation eine solche Lebensgemeinschaft zu managen**
Unterkünfte, Material (Werkzeuge, Ausrüstung), Fahrzeuge, Personal

Um ein solches Unterfangen zu realisieren bedarf es globaler Ressourcen und Zusammenarbeit. Sowie Zeit. Eine hochtechnologische Zivilisation könnte wahrscheinlich so eine Tochterzivilisation pro Jahrhundert gründen.

Tochterzivilisationen sind von **v** Voraussetzungen abhängig, d.h. sie bilden die Menge **V** der **Zivilisationsvoraussetzungen** für Tochterzivilisationen.

Dann trägt jedes Element einen Beitrag zur Gesamtwahrscheinlichkeit bei. Eine Differenzierung der einzelnen Anteile erhält man noch dadurch, dass man die einzelnen Elemente **gewichtet**, mit den Faktoren $w_j$.

Die Gesamtwahrscheinlichkeit eine Tochterzivilisation zu gründen ist dann die Summe aus den gewichteten Einzelwahrscheinlichleiten:

**9.3.1 Gleichung**

$$F_{Tochter} = \frac{1}{v(v+1)} \sum_{j=1}^{v} w_j$$

Dabei muss die Wahrscheinlichkeit für eine Tochterzivilisation bei jeder Spezies einzeln ermittelt werden.

Eine **effektive Expansionsrate für Zivilisationen** lässt sich so definieren:

**9.3.2 Definition** $\qquad E_{Ziv}$ **= Kolonie/Jahrhundert**

Dann lässt sich die Gesamtwahrscheinlichkeit für eine Tochterzivilisation folgendermaßen in eine Expansionsrate für Zivilisationen umwandeln:

**9.3.3 Definition** $\qquad E_{Ziv} = y_{Ziv} \cdot F_{Tochter}$

$y_{Ziv}$ ist die **wahrscheinliche Expansionsrate** für Zivilisationen. Mit $y_{Ziv}$ ist Element der reellen Zahlen.
Dann ergibt sich die **Anzahl** der Tochterzivilisationen in einem Zeitraum **T**, wobei T in Jahrhunderten angegeben wird:

**9.3.4 Definition** $\qquad \begin{aligned} N_{Tochter} &= T \cdot E_{Ziv} \\ N_{Tochter} &= T \cdot y_{Ziv} \cdot F_{Tochter} \end{aligned}$

Das gilt für **eine** Zivilisation. Jetzt muss noch die Summe über alle alten Zivilisationen gebildet werden um die Gesamtzahl der Tochterzivilisationen in der Galaxie zu erhalten:

**9.3.5 Gleichung** $\qquad \begin{aligned} N_{TochterGesamt} &= \sum N_{Tochter} = \sum T \cdot E_{Ziv} = T \cdot \sum E_{Ziv} \\ N_{TochterGesamt} &= T \cdot \sum (y_{Ziv} \cdot F_{Tochter}) \end{aligned}$

Damit ergibt sich insgesamt für die **Anzahl der Tochterzivilisationen** in der Galaxie innerhalb der Zeitspanne **T**:

**212**

**9.3.6 Gleichung**

$$N_{Tochter} = T \cdot \sum^{Civ} \left( \frac{y_{Civ}}{v(v+1)} \sum_{j=1}^{v} w_j \right)$$

Die einzelnen Variabeln in Gleichung 9.3.6 sind zur Zeit nicht bekannt. Es lässt sich aber eine Überschlagsrechnung machen.

**Die Gewichtungsfaktoren $w_j$ werden gleich eins gesetzt:**
**$w_1 = w_2 = ... = w_j = ... = w_n = 1$**

Daraus folgt: $\Sigma$ **$w_j$ = 8**

Es existieren 14 alte Zivilisationen: **Ziv = 14**

wahrscheinliche Expansionsrate: $y_{Ziv}$ = **1 Kolonie/Jahrhundert**

Zeitspanne: **T = 1 Millionen Jahre = 10.000 Jahrhunderte**

Es gibt **v** Voraussetzungen: **v = 8**  =>  **v + 1 = 9**

Setzt man alle Werte in Gleichung 9.3.6 ein, ergibt sich:

**N**<sub>TochterGesamt</sub> = **10.000 · $\Sigma$ (1*8/(8*9)) = 10.000 · $\Sigma$ (1/9)**

**N**<sub>TochterGesamt</sub> = **10.000 · 14/9 = 15.555**

**Es könnten etwa 16.000 Tochterzivilisationen existieren.**

Nach Satz 15.3.5 könnten bis zu **10** alte Zivilisationen in der Galaxie existieren. Wenn jede pro Jahrhundert **1** Tochterzivilisation produziert, sind das maximal **10** Kolonien pro Jahrhundert.
Nach **1.000** Jahren sind das etwa **100** Tochterzivilisationen und nach **10.000** Jahren sind das etwa **1.000** Tochterzivilisationen und das sind mehr als Zivilisationen wie schon da sind. (Nach Satz 6.4.1 sind es bis zu 224 technologische Zivilisationen).

Eine alte Zivilisation die expansiv Tochterzivilisationen bildet, müsste nach ein paar zehntausend Jahren Teile der Galaxie besiedelt haben, mit mindestens 100 – 1000 Sternsystemen.
**Damit könnte die Zahl aller Tochterzivilisationen größer sein als die gesamte restliche intelligente Population in der Galaxie.**

## 17.4 - Ausdehnung einer Zivilisation

Tochterzivilisationen sind wahrscheinlich radial angeordnet um den Heimatplaneten. So entsteht im Laufe der Zeit eine Blasen- bzw. **Kugelform**, die man als *Einflusssphäre* oder *Territorium* einer Spezies bezeichnen kann.

100 Tochterzivilisation in einer Kugelsphäre von 1.300 Lj Radius

Die Dicke der Milchstraßenscheibe beträgt 3.000 Lj. Damit müssen sich Zivilisationen mit mehr als 100 Kolonien **zylinderförmig** in der Galaxie ausbreiten.

> 1.000 Tochterzivilisation mit 3.900 Lj Zylinderradius
> 2.500 Tochterzivilisation mit 6.500 Lj Zylinderradius

Verteilt man die 10 alten Zivilisationen gleichmäßig in der Galaxie dann beträgt die mittlere Entfernung etwa 13.590 Lichtjahre. Wenn es allen alten Kulturen gelungen wäre 3.000 Kolonien und mehr zu errichten, müssten sich deren Einflusssphären **berühren** oder **überlappen**.

Eine Konsequenz dieser galaktischen zivilisatorischen Situation ist, dass so etwas wie eine **galaktische Ordnung** bestehen muss, in der jede Spezies zumindest den Raum einer anderen Spezies anerkennt bzw. akzeptiert

## 17.5 - Expansion von Zivilisationen

Aufgrund der Endauswertung in diesem Buch  könnten etwa 10.000 belebte „Erden 2" und 80.000 unbelebte „Erden 2" sowie 7 Millionen erdgroße Planeten in der Galaxie existieren.
Siedlungskapazität: 1 Tochterzivilisation pro Jahrhundert

Für eine Spezies gilt:

> Nach 1 Millionen Jahren sind alle belebten „Erden 2" besiedelt.
> Nach 9 Millionen Jahren sind alle „Erden 2" besiedelt.
> Nach 700 Millionen Jahren sind alle erdgroßen Planeten besiedelt.

Es ist zu bezweifeln, dass eine Spezies über Millionen Jahre hinweg jedes Jahrhundert eine Kolonie produziert. Und es ist ebenso zu bezweifeln, dass eine Spezies 700 Millionen Jahre überlebt. Daraus lässt sich schließen:

**Es ist für eine Spezies in der Regel nicht möglich die ganze Galaxie zu besiedeln.**

Es existieren bis zu 10 alte Zivilisationen in der Galaxie. Für alle alten Spezies gilt:

> Nach 100.000 Jahren sind alle belebten „Erden 2" besiedelt.
> Nach 900.000 Jahren sind alle „Erden 2" besiedelt.
> Nach 70 Millionen Jahren sind alle erdgroßen Planeten besiedelt.

Nach 1 Millionen Jahren  sind alle „Erden 2" besiedelt. Das ist auch die Mindestlebensspanne einer alten Zivilisation. Daraus folgt:

**Es ist wahrscheinlich das große Teile der Galaxie bereits besiedelt sind.**


## 17.6 - Expansion der Menschheit

Insgesamt ergeben sich für alte Zivilisationen eine Vielzahl von Ausbreitungsmöglichkeiten. Zu deren größeren Gebieten kommen nach der Endauswertung noch etwa **80** raumfahrende Zivilisationen hinzu. Daher dürfte der meiste Platz in der Galaxie bereits besetzt sein. Man kann, aufgrund der Daten dieses Buches, dazu eine **Überschlagsrechnung** machen.

Es könnten weiterhin 5.800 bis 10.000 unbewohnte, aber belebte erdähnliche Planeten in der Galaxie existieren. Die mittlere Entfernung dieser Systeme zueinander beträgt dann 1.360 - 1.700 Lichtjahre.
Es könnten bis zu 10 alte Zivilisationen in der Galaxie existieren

Wenn jede alte Zivilisation **100** Tochterzivilisationen gegründet hat, sind das schon 1.000 Systeme. Dazu kommen noch 80 raumfahrende Zivilisationen hinzu. Macht gerundet gesamt 1.100 bewohnte Sternsysteme. Dann hat jedes System einen Spielraum bzw. Territorium von 1.400 Lichtjahren Radius.

In unser Territorium würden **26** unbewohnte belebte erdähnliche Planeten **124** unbelebte erdähnliche Planeten sowie **4.900** erdgroße Planeten entfallen.
Bei einer Zivilisationsrate von 1 Tochterzivilisation pro Jahrhundert bräuchte die Menschheit etwa 500.000 Jahre um alle Planeten zu besiedeln.

Wenn jede alte Zivilisation **1.000** Tochterzivilisationen gegründet hat, sind das schon 10.000 Systeme. Dazu kommen noch 80 raumfahrende Zivilisationen mit jeweils einer Tochterzivilisation hinzu.
Macht gerundet gesamt 10.200 bewohnte Sternsysteme. Dann hat jedes System einen Spielraum bzw. Territorium von 675 Lichtjahren Radius um sich.
In unser Territorium würden **8** unbewohnte belebte erdähnliche Planeten **26** unbelebte erdähnliche Planeten sowie **730** erdgroße Planeten entfallen.
Bei einer Zivilisationsrate von 1 Tochterzivilisation pro Jahrhundert bräuchte die Menschheit etwa 80.000 Jahre um alle Planeten zu besiedeln.

D.h. für weiterreichende bzw. lang anhaltende Expansionspläne der Menschheit in der Galaxie wird es daher nicht einfach werden.

Der ehemalig führende Lockheed-Wissenschaftler **Boyd Bushman** (siehe Seite 98) gab an, dass eine Alien-Rasse **68** Lichtjahre entfernt leben würde.
Das bedeutet aber, dass Aliens bereits in „unserem" Territorium leben würden. Was darauf schließen lässt das große Teile der Milchstraße bereits besiedelt sind.
D.h. für Expansionspläne der Menschheit in der Galaxie wird es unter den widrigsten Umständen gar nicht gehen, da **zu wenig** freier Raum vorhanden ist.

# 18 – Das Fermi-Paradoxon

## 18.1 - Die Betrachtungen von Fermi

Das Fermi-Paradoxon [204] wurde 1950 von dem Physiker Enrico Fermi [205] aufgestellt. Er be-schäftigte sich mit der Wahrscheinlichkeit von intelligentem, außerirdischem Leben und daher mit der Frage: Sind wir Menschen die einzige technologisch fortschrittliche Zivilisation im Universum? Bedingt durch das Alter des U-niversums und seiner hohen Anzahl an Sternen, sollte intelligentes Leben auch außerhalb der Erde möglich und verbreitet sein. Vorrausset-zung ist:

Die Entstehung von Leben auf der Erde ist kein ungewöhnlicher Vorgang oder ein galaktischer Unfall bzw. Einzelfall (siehe auch Axi-ome in Kapitel 4).

Auf dem Weg zum Mittagessen im Los Alamos National Laboratory, im Jahre 1950, diskutierte Enrico Fermi diese Thematik mit Edward Teller, [206] Emil Konopinski [207] und Herbert York [208] aufgrund angeblicher UFO-Sichtungen. Er fragte sich: *„Warum sind weder Raumschiffe anderer Weltraumbewohner noch andere Spuren extraterrestrischer Technologien von der Erde aus zu beobachten."*

Das Paradoxon kann wie folgt dargestellt werden:

*„Der weit verbreitete Glaube, es gäbe in unserem Universum viele technologisch fortschrittliche Zivilisationen, in Kombination mit unseren Beobachtungen, die das Gegenteil nahe legen, ist paradox und deutet darauf hin, dass entweder unser Verständnis oder unsere Beobachtungen fehlerhaft oder unvollständig sind."*

Oder kurz ausgedrückt: **Wenn es Aliens gibt, warum sind sie nicht schon öffentlich gelandet?**


## 18.2 - Die heutige Situation

Dieses Paradoxon wurde 1950 aufgestellt. Inzwischen sind 65 Jahre vergangen und die Situation hat sich entscheidend verändert. 1950 lagen nur ein paar UFO-Sichtungen vor. Heute geht die Zahl in die Zehntausende. Allein die Organisation MUFON hat über **70.000** Fälle dokumentiert. [153]

Und ein Teil davon kann durch die **extraterrestrische Hypothese** erklärt werden. [130]

Nach Satz 15.3.4 könnten zwischen **5 – 79** technologische Zivilisationen, auf einer „Erde 2", in unserer Galaxie existieren, die **interstellare Raumfahrt** betreiben.
Nach Satz 15.3.5 könnten zwischen **1 – 10 alte** technologische Zivilisationen in unserer Galaxie existieren, die uns auch besucht haben könnten. Zudem hat Kapitel 7 ja gezeigt das es durchaus möglich ist, dass wir auch schon in der Vergangenheit von außerirdischen Spezies besucht worden sind.
Insgesamt sind damit **die im Paradoxon erwähnten Beobachtungen unvollständig**.

Und, wäre es nicht recht naiv zu glauben, anwesende Aliens würden sich auch öffentlich zeigen? Eine vergleichbare Situation ergibt sich hier auf der Erde bei der Primatenforschung.
Um eine Horde Gorillas in ihrer natürlichen Umgebung mit ihrem natürlichen Verhalten zu studieren, muss man als Beobachter unsichtbar bleiben.
Zeigt man sich den Gorillas, so wird die Situation schlagartig verändert und die Gorillas verhalten sich nicht mehr natürlich. Die Vorgehensweise von Primatenforschern besteht darin, die Affen zu begleiten und erst wenn diese sich an den Besucher gewöhnt haben und zu ihrem natürlichen Verhalten zurück kehren, mit der eigentlichen Feldforschung zu beginnen.
Ähnlich verhält es sich mit der Erdbevölkerung und den Aliens. Sollte eine außerirdische Spezies hier öffentlich landen, wäre die gesamte psychologische Situation auf der Erde verändert.
Wollen Außerirdische uns studieren und ihre Experimente betreiben, so ist es angebracht unentdeckt zu bleiben.

Eine Reihe von außerirdischen Spezies dürfte um ein Vielfaches älter sein, als unsere Zivilisation. In ihren Augen wären wir nur bessere Primaten oder einfach nur Primitive.
Damit ist also auch **das im Paradoxon erwähnte Verständnis unvollständig** bzw. fehlerhaft. Daher können wir hier folgern:

**18.2.1 Satz       Das Fermi-Paradoxon ist überholt und kann entfallen.**

In Anbetracht der heutigen Geschehnisse und Erkenntnisse und der Betrachtungen dieses Buches (speziell Kapitel 7.5+7.6) ist das Fermi-Paradoxon veraltet.

## 18.3 - Mögliche Antworten

**1) Es gibt keine Aliens bzw. interstellare Raumfahrt ist nicht möglich**
Es gibt keine Aliens oder interstellare Raumfahrt ist nicht möglich, daher landet hier auch niemand.

**2) Aliens landen hier**
Als Beleg kann hier das UFO-Phänomen sowie Aussagen von Whistleblowern und anderen Personen oder auch Berichte zu Begegnungen der dritten Art genannt werden. Ein weiteres Indiz könnte die Sichtung von merkwürdigen Lebensformen wie Echsenmenschen (Reptiloide) oder der Yeti bzw. Bigfoot sein.

**Wenn Aliens existieren, warum landen sie nicht öffentlich?**

**Hier sind 10 mögliche Antworten:**

1) Es gibt bereits eine Zusammenarbeit zwischen Menschen und Aliens. Aliens befinden sich bereits auf der Erde (siehe Whistleblower) und es wird geheim gehalten.

2) Es gibt eine Absprache zwischen irdischen Regierungen und Aliens, die das verbieten.

3) Es existiert so etwas wie eine oberste Direktive in der Galaxie, die Einmischung verbietet.

4) Es gibt ein Gleichgewicht der Kräfte in der Galaxie, so dass die Machtverhältnisse keine Einmischung erlauben.

5) Bisherige Sichtungen sind eine Vorbereitung für eine zukünftige öffentliche Landung der Aliens.

6) Ungestörte Beobachtung ist wichtig zur wissenschaftlichen Erforschung der menschlichen Art oder um Experimente mit Menschen oder Tieren zu machen.

7) Wir sind für die Aliens zu aggressiv und primitiv oder aus anderen Gründen (sozial, soziologisch, psychologisch) inakzeptabel.

**8)** Sie wollen nicht das ihre Technologie in unsere Hände gerät (Gefahr der Selbstzerstörung oder weil sie eine Konkurrenz in uns sehen).

**9)** Wenn es in der Vergangenheit (und in der Gegenwart) sexuelle Kontakte zu Außerirdischen und Nachkommen gegeben hat, dann ist die Erde so etwas wie ein Gen-Labor.

**10)** Die Invasion findet schon statt, ohne das wir es merken, z.B. Unterwanderung durch genetische Manipulation.


## 18.4 - Worst Case

Wenn es tausende von erdähnlichen Planeten gibt, die man besiedeln kann und wenn Viren und Bakterien eine Besiedlung durch Außerirdische zumindest erschweren und wenn es Rohstoffe genug in der Galaxie gibt, welche Gründe könnten dann noch bestehen, der Menschheit mit einer feindlichen Gesinnung zu begegnen?

**1) Konkurrenz**
Die Menschheit steht gerade am Anfang, wenn es um die Erforschung des Weltraumes geht. Es könnten daher außerirdische Spezies existieren, die verhindern wollen, dass der Mensch sich im All weiter ausbreitet.

**2) Beute**
Ein anderer Aspekt ist, dass wir für Aliens einfach als Nahrungsmittel oder Trophäen interessant sind.

**3) Experimente**
Außerirdische Spezies könnten uns für medizinische, sowie andere, Experimente benutzen. Interessant dürften hier Blut, Organe, Gewebe, genetisches Material von Menschen sein.

**4) Sklaven**
Außerirdische Spezies suchen Sklavenarbeiter mit „Intelligenz".

Interessant sind Planeten allemal zu Studienzwecken, nämlich gerade solche Planeten die Leben aufweisen. Interessant ist daher auch unser Planet, die Fauna und Flora auf ihm und die Menschen, in jedem Fall als Studienobjekte zu biologischen, medizinischen, soziologischen, psychologischen und genetischen Untersuchungen.

**220**

Daher besitzen Berichte von Entführungen und anschließenden Untersuchungen eine gewisse Wahrscheinlichkeit der Realität. In vielen Fällen wird ja gerade eine aggressive Art und Vorgehensweise der Aliens geschildert. Wie auch die Rinderverstümmelungen zeigen.


## 18.5 - Fazit

Ein Hauptproblem der Radioastronomie liegt darin begründet, dass die Intensität der Signale im Quadrat zum Abstand abnimmt. Damit ist in 55 Lichtjahren Entfernung die Intensität üblicher Funk-, Radio-, Fernseh- usw. Signale derart gering, so dass nicht mehr messbar sind.
Dieser Effekt bewirkt eine Verschlechterung der Wahrscheinlichkeit ein „normales" Signal von einer anderen Zivilisation zu empfangen. Verbleiben aber noch genügend starke Signale, wie etwa die Botschaft die 1974 über die Arecibo Antenne gesendet wurde oder das Wow-Signal. Nach solchen Signalen wird ja auch gesucht.
Daher beeinträchtigt der Intensitäts-Effekt nicht die Betrachtungen zu SETI, zu Entfernungen und zu Zeiträumen. Von daher kann man die bisherigen SETI Betrachtungen als „best case scenario" betrachten.

Eine  Konsequenz der galaktischen zivilisatorischen Situation, mit bis zu **80** raumfahrenden, darunter **10** alten Zivilisationen und deren Tochterzivilisationen ist, dass so etwas wie eine **galaktische Ordnung** bestehen muss, in der jede Spezies zumindest den Raum einer anderen Spezies respektiert.
Wie in jedem Verbund werden sich auch hier einzelne Parteien gebildet haben. Die miteinander oder auch gegeneinander agieren.
Als galaktische Frischlinge wissen wir daher nicht welcher Interessengruppe ein Außerirdischer angehört.
Daher sind zukünftige Begegnungen also mit Vorsicht zu begehen. Da man nicht weis mit wem man es zu tun hat.
Allein schon aus Selbsterhaltungsgründen sollten wir außerirdischen Zivilisationen gegenüber vorsichtig sein. Ich schließe mich damit der warnenden Haltung von David Brin und Stephen Hawking an.

Sobald sich die abgeleiteten Erkenntnisse bestätigen, werden wir Menschen endgültig vom Sockel der „Krone der Schöpfung" gestoßen. Wir sind dann nur noch eine Spezies unter vielen und noch dazu technologisch und spirituell nicht besonders weit entwickelt.
Die Frage ist hier, ob die Menschheit einen derartigen Paradigmenwechsel verkraften kann.

# Literaturverzeichnis

## 1 – Planeten in unserer Galaxie


1  https://de.wikipedia.org/wiki/Exoplanet

2  https://exoplanets.nasa.gov/alien-worlds/ways-to-find-a-anet/

3  https://www.astro.ex.ac.uk/people/alapini/Publications/PhD_chap1.pdf

4  https://www.astro.uni-jena.de/EXO/

5  https://de.wikipedia.org/wiki/Transitmethode

6  https://de.wikipedia.org/wiki/Dimidium

7  https://www.raumfahrer.net/news/astronomie/01062009151842.shtml

8  https://en.wikipedia.org/wiki/Gravitational_microlensing

9  https://de.wikipedia.org/wiki/Mikrolinseneffekt

10  http://www.openexoplanetcatalogue.com/planet/OGLE-2013-BLG-0341L%20B%20b/

11  https://exoplanetarchive.ipac.caltech.edu/cgi-bin/DisplayOverview/nphDisplayOverview?objname=OGLE-2013-BLG-0341L+B+b&type=CONFIRMED_PLANET

12  https://beltoforion.de/article.php?a=exoplaneten&p=direkte_beobachtung&hl=de&s=idPageTop

13  http://kepler.nasa.gov/

14  https://de.wikipedia.org/wiki/Kepler_(Weltraumteleskop)

15  NASA's Kepler Completes Prime Mission Begins Extended Mission. NASA, 14. November 2012

16  Prevalence of Earth-size planets orbiting Sun-like stars Erik A. Petigura, Andrew W. Howard, and Geoffrey W. Marcy PNAS November 26, 2013 110 (48) 19273-19278;

17    https://doi.org/10.1073/pnas.1319909110
      https://www.pnas.org/content/110/48/19273

18    https://de.wikipedia.org/wiki/Durchgang

19    https://www.astro.up.pt/investigacao/conferencias/toe
      2014/files/epetigura.pdf

20    https://de.wikipedia.org/wiki/Habitable_Zone

21    https://de.wikipedia.org/wiki/Umlaufzeit

22    https://de.wikipedia.org/wiki/Masse-Leuchtkraft-Beziehung

23    https://de.wikipedia.org/wiki/Effektive_Temperatur

24    https://de.wikipedia.org/wiki/Keplerbahn

25    https://de.wikipedia.org/wiki/Astronomische_Einheit

26    https://de.wikipedia.org/wiki/Umlaufbahn

27    https://de.wikipedia.org/wiki/Gleichgewichtstemperatur

28    https://exoplanetarchive.ipac.caltech.edu/cgi-
      bin/DisplayOverview/nph-DisplayOverview?objname=Kepler-
      22%20b&type=CONFIRMED_PLANET

29    Mathias Scholz
      Planetologie extrasolarer Planeten
      Springer Spektrum, Springer-Verlag Berlin Heidelberg 2014,
      ISBN 978-3-642-41748-1, S. 112–173.

30    http://kepler.nasa.gov/Science/about/
      characteristicsOfTransits/

31    NASA - Characteristics of Transits
      https://www.nasa.gov/kepler/overview/abouttransits

32    https://de.wikipedia.org/wiki/Milchstraße

33    https://de.wikipedia.org/wiki/Stellarstatistik

34    https://de.wikipedia.org/wiki/Bolometrische_Helligkeit

35 http://phl.upr.edu/projects/habitable-exoplanets-catalog
http://phl.upr.edu/hec

36 https://www.spiegel.de/wissenschaft/weltall/nasa-bestaetigt-entdeckung-von-1284-neuen-exoplaneten-a-1091708.html

37 https://www.nasa.gov/press-release/nasas-kepler-mission-announces-largest-collection-of-planets-ever-discovered

38 http://phl.upr.edu/

39 https://de.wikipedia.org/wiki/Klassifizierung_der_Planeten

40 https://exoplanets.nasa.gov/exoplanet-catalog/

41 http://www.openexoplanetcatalogue.com/systems/?filters=habitable

42 http://exoplanet.eu/catalog/

## 2 – Auswertung von Katalogdaten

43 https://www.spiegel.de/wissenschaft/weltall/milchstrasse-besitzt-milliarden-bewohnbare-planeten-a-931693.html

44 https://www.scinexx.de/news/kosmos/jeder-zweite-stern-mit-einem-erdzwilling/

## 4 – Belebte Planeten in unserer Galaxie

45 https://de.wikipedia.org/wiki/Erdrotation

46 https://de.wikipedia.org/wiki/Erdachse

47 https://de.wikipedia.org/wiki/Präzession

48 https://de.wikipedia.org/wiki/Mond

49 https://de.wikipedia.org/wiki/Erdmagnetfeld

50 http://www.magneticpulser.us/Publications_of_Dr_Wolfgang_Lud.html#SGROBJ7DB44EF22181671

51      Klaus Piontzik, Gitterstrukturen des Erdmagnetfeldes
        Books on Demand, Norderstedt
        ISBN: 9-783833-491269

52      https://de.wikipedia.org/wiki/Schumann-Resonanz

53      Über die strahlungslosen Eigenschwingungen einer leiten-
        den Kugel, die von einer Luftschicht und einer Ionosphären-
        hülle umgeben ist
        Schumann, W.O
        Zeitschrift Naturforschung 7a, 149-154, 1954

54      https://de.wikipedia.org/wiki/Erdatmosphäre

55      Klaus Piontzik, Planetare Systeme der Erde 1
        Books on Demand, Norderstedt, Kapitel 5.3
        ISBN 978-3-7494-8112-5

56      https://de.wikipedia.org/wiki/Treibhauseffekt

57      https://de.wikipedia.org/wiki/Wasser

58      https://de.wikipedia.org/wiki/Ozean

59      https://de.wikipedia.org/wiki/Vulkanismus

60      https://de.wikipedia.org/wiki/Plattentektonik

61      https://de.wikipedia.org/wiki/Kontinent

62      https://de.wikipedia.org/wiki/Chemisches_Element

63      https://de.wikipedia.org/wiki/Salze

64      https://de.wikipedia.org/wiki/Mineral

65      https://de.wikipedia.org/wiki/Aminosäuren

66      https://de.wikipedia.org/wiki/Chemische_Verbindung
        #Organische_Verbindungen

67      https://de.wikipedia.org/wiki/Desoxyribonukleinsäure

68      https://de.wikipedia.org/wiki/Zelle_(Biologie)

**5 – Intelligente Spezies in unserer Galaxie**

69      https://de.wikipedia.org/wiki/Große_Sauerstoffkatastrophe

70      https://de.wikipedia.org/wiki/Endosymbiontentheorie

71      https://de.wikipedia.org/wiki/Neoproterozoikum

72      https://de.wikipedia.org/wiki/Schneeball_Erde

73      https://de.wikipedia.org/wiki/Kambrium

74      https://de.wikipedia.org/wiki/Massenaussterben

75      https://de.wikipedia.org/wiki/Ordovizium

76      https://de.wikipedia.org/wiki/Supernova

77      https://de.wikipedia.org/wiki/Devon_(Geologie)

78      https://de.wikipedia.org/wiki/Perm-Trias-Grenze

79      https://de.wikipedia.org/wiki/Sibirischer_Trapp

80      https://de.wikipedia.org/wiki/Trias_(Geologie)

81      https://de.wikipedia.org/wiki/Kreide-Paläogen-Grenze

82      https://de.wikipedia.org/wiki/Eozän

83      https://de.wikipedia.org/wiki/Oligozän

84      https://de.wikipedia.org/wiki/Priabonium

85      https://de.wikipedia.org/wiki/Rupelium

86      https://de.wikipedia.org/wiki/Grande_Coupure

87      https://de.wikipedia.org/wiki/Toba-Katastrophentheorie

88      https://de.wikipedia.org/wiki/Pleistozän

89      https://de.wikipedia.org/wiki/Holozän

90      https://de.wikipedia.org/wiki/Kosmische_Strahlung

91      https://de.wikipedia.org/wiki/Gammablitz

92      https://de.wikipedia.org/wiki/Sonneneruption

93      https://de.wikipedia.org/wiki/Asteroid

94      https://de.wikipedia.org/wiki/Komet

95      https://de.wikipedia.org/wiki/Oortsche_Wolke

96      https://de.wikipedia.org/wiki/Objekt_planetarer_Masse

97      https://de.wikipedia.org/wiki/Schneeball_Erde

98      https://de.wikipedia.org/wiki/Klimawandel

99      https://de.wikipedia.org/wiki/Meeresspiegel

100     https://de.wikipedia.org/wiki/Supervulkan

101     https://de.wikipedia.org/wiki/Spiegeltest

## 6 – Zivilisationen in unserer Galaxie

102     https://de.wikipedia.org/wiki/Universum

103     http://www.spiegel.de/wissenschaft/weltall/

104     https://de.wikipedia.org/wiki/Sonnensystem

105     https://de.wikipedia.org/wiki/Leben

106     https://de.wikipedia.org/wiki/Erde

107     Karl Popper. Logik der Forschung
        Akademie-Verlag, Berlin 2004
        Herbert Keuth (Hrsg.)
        ISBN 978-3-7091-2021-7

108     https://de.wikipedia.org/wiki/Homo_rudolfensis

109     https://de.wikipedia.org/wiki/Homo_habilis

110   https://de.wikipedia.org/wiki/Mondlandung

111   https://de.wikipedia.org/wiki/Entdeckung_Amerikas

112   https://de.wikipedia.org/wiki/Vasco_da_Gama

113   https://de.wikipedia.org/wiki/Ferdinand_Magellan

114   https://de.wikipedia.org/wiki/Francis_Drake

115   https://de.wikipedia.org/wiki/Martin_Luther

116   https://de.wikipedia.org/wiki/Galileo_Galilei

117   https://de.wikipedia.org/wiki/Johannes_Kepler

118   https://de.wikipedia.org/wiki/Teleskop

119   https://de.wikipedia.org/wiki/Mikroskop

120   https://de.wikipedia.org/wiki/Renaissance

121   https://de.wikipedia.org/wiki/Mittelalter

122   https://de.wikipedia.org/wiki/Bronzezeit

123   https://de.wikipedia.org/wiki/Eisenzeit

124   https://de.wikipedia.org/wiki/Antike

125   https://de.wikipedia.org/wiki/Ackerbau

126   https://de.wikipedia.org/wiki/Geschichte_der_Keramik

127   https://de.wikipedia.org/wiki/Höhlenmalerei

128   https://de.wikipedia.org/wiki/Urgeschichte

129   https://de.wikipedia.org/wiki/Archaischer_Homo_sapiens

130   Alien-Hypothese, Klaus Piontzik
      Books on Demand, Norderstedt, 2019
      ISBN 978-3-7494-6537-8

131     https://de.wikipedia.org/wiki/Ben_Rich

132     Ben R. Rich, Leo Janos
        Skunk Works: A Personal Memoir of My Years of Lockheed
        Back Bay Books, 1st Pbk. Ed 1. Februar 1996
        ISBN: 0316743003

133     Daniel Prinz, Wenn das die Deutschen wüssten... , S.344
        Amadeus-Verlag, 27. August 2014, ISBN: 3938656271

134     Boyd Bushman
        https://www.youtube.com/watch?v=VA3HV_gfq80

135     http://ufology.wikia.com/wiki/Clifford_Stone

136     Clifford Stone, Ufos Are Real: Extraterrestrial Encounters
        Documented by the U.S. Government
        Spi Books, Juli 1997, ISBN: 1561719722

137     Eyes Only: The Story of Clifford Stone and UFO Crash Re-
        trievals
        Createspace, 17. November 2011, ISBN: 1467958670

138     https://de.wikipedia.org/wiki/Lokale_Gruppe

## 7 – Überleben einer Zivilisationen

139     https://de.wikipedia.org/wiki/Übernutzung

140     https://de.wikipedia.org/wiki/Umweltverschmutzung

141     https://de.wikipedia.org/wiki/Überbevölkerung

142     https://de.wikipedia.org/wiki/Pandemie

143     https://de.wikipedia.org/wiki/Krieg

144     https://de.wikipedia.org/wiki/Katastrophe

145     https://de.wikipedia.org/wiki/Revolution

146     https://de.wikipedia.org/wiki/Dekadenz

147     https://de.wikipedia.org/wiki/Homo

148     https://de.wikipedia.org/wiki/Sternbildungsrate

149     https://de.wikipedia.org/wiki/Prä-Astronautik

150     http://www.sagenhaftezeiten.com/

151     https://de.wikipedia.org/wiki/Mahabharata

152     http://www.narcap.de/

153     http://www.mufon.com/

154     https://www.ufo-forschung.de/

155     http://www.degufo.at/

## 8 – Allgemeines Grundmodell

156     https://de.wikipedia.org/wiki/Spektralklasse

157     https://de.wikipedia.org/wiki/Hertzsprung-Russell-Diagramm

158     Gonzalez u. a.: The Galactic Habitable Zone: Galactic Chemical Evolution. In: Icarus. Band 152, 2001, S. 185–200

159     Prantzos: On the "Galactic Habitable Zone". In: Space Science Reviews. Band 135, 2008, S. 313–322

160     https://en.wikipedia.org/wiki/Galactic_habitable_zone

## 9 – Die Drake-Gleichung

161     https://de.wikipedia.org/wiki/Drake-Gleichung

162     https://de.wikipedia.org/wiki/Frank_Drake

163     The Drake Equation Revisited: Part I @wayback.archive.org. Astrobiology Magazine

164     Frank Drake, Dava Sobel, Signale von anderen Welten Droemer Knaur, 1998, ISBN 3426773511

165     https://de.wikipedia.org/wiki/Carl_Sagan

166    https://de.wikipedia.org/wiki/Search_for_Extraterrestrial_
Intelligence

167    https://de.wikipedia.org/wiki/Voyager_1

168    https://de.wikipedia.org/wiki/Voyager_2

169    Carl Sagan
https://www.youtube.com/watch?v=MlikCebQSIY

**10 – Die Seager-Gleichung**

170    https://de.wikipedia.org/wiki/Sara_Seager

171    https://de.wikipedia.org/wiki/
James_Webb_Space_Telescope

172    https://en.wikipedia.org/wiki/
Transiting_Exoplanet_Survey_Satellite

173    https://www.cfa.harvard.edu/events/2013/postkepler/
Exoplanets_in_the_Post_Kepler_Era/
Program_files/Seager.pdf

**13 – Evolutionsstränge**

174    https://de.wikipedia.org/wiki/Theropoda

175    https://de.wikipedia.org/wiki/Troodon

176    https://de.wikipedia.org/wiki/Dale_Russell

177    https://de.wikipedia.org/
wiki/Stammesgeschichte_des_Menschen

178    https://de.wikipedia.org/wiki/Konvergenztheorie_(Evolution)

179    https://de.wikipedia.org/wiki/Simon_Conway_Morris

**16 – Das SETI-Projekt**

180    The New York Times, 23rd May, 1909 by Nikola Tesla,
How to Signal to Mars

181     https://de.wikipedia.org/wiki/David_Peck_Todd

182     https://de.wikipedia.org/wiki/Guglielmo_Marconi

183     https://de.wikipedia.org/wiki/Philip_Morrison

184     https://de.wikipedia.org/wiki/Giuseppe_Cocconi

185     Searching for Interstellar Communications
        Nature, Bd. 184, 1959, S. 844–846

186     Sebastian von Hoerner: Sind wir allein? – SETI und das Le-
        ben im All,
        Beck, München 2003, S. 151–152, ISBN 3-406-49431-5

187     Iosif S. Šklovskij, Carl Sagan
        Intelligent life in the Universe. Holden-Day
        San Francisco 1966, ISBN 1-892803-02-X

188     https://www.nasa.gov/

189     https://de.wikipedia.org/wiki/SETI-Institut

190     https://de.wikipedia.org/wiki/Jill_Cornell_Tarter

191     Searching for good Science: The Cancellation of NASA's
        SETI Program, Stephen J. Garber
        Journal of the British Interplanetary Society,
        Vol. 52, pp. 3-12, 1999

192     https://de.wikipedia.org/wiki/SETI@home

193     https://de.wikipedia.org/wiki/Seth_Shostak

194     https://de.wikipedia.org/wiki/Wow!-Signal

195     Warnung von Astrophysiker Hawking
        Spiegel online, 25. April 2010

196     David Brin: The Dangers of First Contact, davidbrin.com

197     Iván Almár, Paul H. Shuch: The San Marino Scale: A new
        analytical tool for assessing transmission risk.
        Acta Astronautica, Vol.60, Issue 1, S. 57–59

198     https://de.wikipedia.org/wiki/Arecibo-Botschaft

199     http://grenzwissenschaft-aktuell.blogspot.com/2014/11/40-
jahre-arecibo-botschaft-gab-es-eine.html

200     https://de.wikipedia.org/wiki/Telegrafie

201     http://www.sueddeutsche.de/wissen/satellitenstart-china-
erprobt-quanten-kommunikation-im-weltall-1.3124422

202     http://www.spektrum.de/news/verschraenkte-photonen-aus-
dem-all/1464637

203     https://de.wikipedia.org/wiki/Kardaschow-Skala

**17 – Das Fermi-Paradoxon**

204     https://de.wikipedia.org/wiki/Fermi-Paradoxon

205     https://de.wikipedia.org/wiki/Enrico_Fermi

206     https://de.wikipedia.org/wiki/Edward_Teller

207     https://de.wikipedia.org/wiki/Emil_Konopinski

208     https://de.wikipedia.org/wiki/Herbert_York

# Bilderverzeichnis

**Seite**

71        https://de.wikipedia.org/wiki/Asteroid

71        https://de.wikipedia.org/wiki/Komet

72        https://www.mpg.de/forschung/schneeball-erde-algen-
          eukaryot

72        https://www.stern.de/panorama/wissen/natur/themen/
          klimawandel-4170178.html

72        http://www.scinexx.de/dossier-701-1.html

72        http://energieinitiative.org/die-beweise-fuer-den-klimawandel/

73        http://www.spiegel.de/wissenschaft/natur/ecuador-vulkan-
          tungurahua-macht-feuerwerk-a-1080586.html

73        https://www.pravda-tv.com/2016/10/supervulkane-
          vorwarnzeit-hoechstens-ein-jahr-weltweite-vulkanaktivitaet-
          videos/

78,93   http://www.zeno.org/Meyers-1905/B/Dampfmaschine
116,153

78        https://www.flugrevue.de/raumfahrt/raumfahrt-auf-der-ila-
          2016/680326

95        https://commons.wikimedia.org/wiki/File:Lower_Manhattan
          _Skyline_from_Brooklyn_Heights_Promenade.jpg

96        http://www.sueddeutsche.de/wissen/bemannte-raumfahrt-
          umsonst-ins-all-1.1669125

112      https://de.wikipedia.org/wiki/Spiralgalaxie
150

112      https://de.wikipedia.org/wiki/Hertzsprung-Russell-Diagramm

126      https://de.wikipedia.org/wiki/Frank_Drake

129      https://de.wikipedia.org/wiki/Carl_Sagan

**Seite**

129 https://de.wikipedia.org/wiki/Voyager_1

138 http://www.skyandtelescope.com/astronomy-news/sara-seager-webinar-on-exoplanets/

138 https://de.wikipedia.org/wiki/James_Webb_Space _Telescope

138 https://www.wissenschaftaktll.de/artikel/NASA_gibt_ Startschuss_fuer_neuen_Planetenjaeger 1771015589052.html

161 https://www.schulentwicklung.nrw.de/sinus/front _content.php?idart=4349

196 https://en.wikipedia.org/wiki/Green_Bank_Telescope

197 https://en.wikipedia.org/wiki/SETI_Institute

197 https://www.mpifr-bonn.mpg.de/pressemeldungen/2014/8

198 https://de.wikipedia.org/wiki/Goldstone_Deep_Space _Communications_Complex

198 https://de.wikipedia.org/wiki/Parkes-Observatorium

198 https://www.cfa.harvard.edu/sao

199 https://setiathome.berkeley.edu/

200 https://de.wikipedia.org/wiki/Seth_Shostak

200 http://www.bigear.org/

200 https://de.wikipedia.org/wiki/Wow!-Signal

217 https://www.nobelprize.org/nobel_prizes/physics/laureates/ 1938/fermi-bio.html


Alle anderen Abbildungen entstammen dem Archiv des Autors

## Völker

**Seite**